JN253778

科学の不定性と東日本大震災

Journal of Science and Technology Studies NO.11

科学技術社会論研究

11

科学技術社会論学会

2015.3

■科学技術社会論研究■　第11号（2015年3月）

■目次■

Journal of Science and Technology Studies, No. 11
(March, 2015)

Contents

特集=科学の不定性と東日本大震災

本特集の意図：科学の不定性と東日本大震災

本堂　毅*

2011年3月11日に発生した東日本大震災は，その後の社会的意思決定での混乱・対立と合わせて，科学技術社会論(STS)の役割，現状と課題，適用限界などを，私たちに再考させるものとなりました.

科学技術をめぐる混乱・対立の多くは，その問題が「科学に問うことができても，科学で答えられない」性質を帯びるという意味で，いわゆるトランス・サイエンスに属します．科学的知識で答えられないトランス・サイエンスにもかかわらず，科学者に「正解」を求めたり，科学者が正解として答えを述べたりすることは，無用な混乱を社会に引き起こします．STSは，東日本大震災をめぐる意思決定で混乱が生ずる理由を，トランス・サイエンスとして説明できます.

しかし，単純な「トランス・サイエンス」概念は，科学で答えられないこと(不定性)が，科学的知識のどのような性質に由来するかを教えてくれません.

それゆえ，「トランス・サイエンス」概念は逆説的に「思考停止ワード」として働く場面すらあります．「科学で答えられない」ことは，科学の無用性でも敗北でもなく，科学的知識も含めた多面的で開かれた判断が必要であることを示すに過ぎないはずです．しかし，科学的知識の不定性の性質が顧みられず，「科学では分からない」というだけの表面的理解に留まる場合，その結果としての議論は，非建設的な押し問答に先祖返りしがちです．「固いトランス・サイエンス観」といえるかもしれません.

STSを含む科学論が，科学の多様な不定性を，トランス・サイエンスを越えて解析し，その類型を解明することは，上に述べた思考停止を解除し，建設的な議論を育むために必要な条件と思われます．科学的知識の不定性には様々な性質，すなわち類型があり．それぞれの特性に対応した議論の進め方や判断があるはずだからです．そのための学術的成熟が不十分な状況で東日本大震災が発生し，必然として社会的意思決定の混乱が生じたとするならば，STSは当該研究の当事者として，その事実を直視し，この課題に果敢に取り組むべきでしょう.

一方，現場の自然科学者は，日々，科学の不定性と向き合い，正解がない世界で研究方針の意思決定を行い，その結果責任を負うことを日常の営みとしています．不定性は，科学研究の存在理由ですらあります．しかし，その科学者も，多くの場合，科学の不定性を意識的には捉えていません.

このような背景から，本特集では，東日本大震災で浮き彫りになった問題群を「科学の不定性」

2014年9月29日受付　2014年9月30日掲載決定
*東北大学大学院理学研究科准教授，hondou@mail.sci.tohoku.ac.jp

という視点で捉えるべく，特集担当編集委員の綾部広則，寿楽浩太，本堂毅が話し合い，トランス・サイエンスを超える概念を生み出すために必要な論点について，不定性を強く意識するところとなった一線の自然科学者を含む，多様な論者に執筆や座談会をお願いしました．

吉澤剛氏には「科学における不定性の類型論――リスク論からの回帰」を論じて頂きました．氏は科学の不定性について先駆的研究を行ってきたStirlingの類型論を踏まえつつ，Stirlingを越える野心的論考を行います．地震学を例にした考察などを通し，不定性の多様な類型が論じられます．

平田光司氏には，「トランスサイエンスとしての先端巨大技術」を論じて頂きました．氏は先端巨大技術の典型として，氏自らがその理論設計に携わった高エネルギー加速器を取り上げ，吉澤氏がその5.1節で「専門家間での共感や納得といった集団の暗黙知を通してモデルが決定される」と記す現場の様子が描かれます．不定性を前にしながらも，「トランス・サイエンス的固い科学観」を超え，科学知の限界を踏まえつつ，これを最大限活用した建設的議論，意思決定のあり方や条件が論じられるとともに，吉澤とは別の角度から，トランス･サイエンスの多様な類型が論じられます．

纐纈一起氏と大木聖子氏には，「ラクイラ地震裁判――災害科学の不定性と科学者の責任」を論じて頂きました．ラクイア地震は，東日本大震災が起こる2年前の2009年にイタリアで発生したもので，行政委員会に関わった地震学者らが刑事訴追されて第一審で有罪判決が出されています．地震学者である両氏は，その科学的知見が強い不定性を避け得ない地球科学者の社会的責任を考えるため，2011年の大震災以前から現地調査を行ってきました．本稿では，研究当事者としての科学者の視点から，この裁判が孕む問題点や科学論が取り組むべき課題を浮かび挙げています．

東日本大震災は，地震予測のあり方を通して，学問分野の縦割構造の問題も浮き彫りにしました．地震学と，地形・地質学は，自然現象として同じ対象を扱いながらも，分野の手法の違いから，十分な交流が行われてこなかった経緯があり，両分野の意見の相違の理解も十分ではありませんでした．そこで今回，両分野から，遠田晋次氏，松澤暢氏，宮内崇裕氏にお集まり頂き，座談会の形で，分野間の視点の異同，科学的知見の不定性，社会との関係について，率直なお話しを頂きました．吉澤，平田，纐纈・大木各氏の論点を踏まえて座談会に触れることにより，科学技術社会論に課された今後の課題が，より立体的に浮かび上がってくるものと思います．また，座談会の後半では，編集委員の本堂が加わり，前半の論点を引き継ぐと共に，科学教育や科学コミュニケーションなどにかかわる論点についても意見を交換しました．座談会記録は一般に，特定の論点が分かりやすくなるように，記録を大きく編集することが通例と思われますが，社会との接点で第一線の研究を進めているお三方の座談会は大変貴重なものであり，一次資料的価値やライブ感等も考え，編集作業は最小限に留めました．

最後に，編集委員である寿楽氏が，次号に取り上げるテーマである原子力問題の予告を兼ねて，本特集の解題を行います．

意思決定に関わる建設的議論，判断に不可欠な科学の不定性への理解・認識は，科学論のみならず，科学者自身にも求められるものでしょう．しかし，その重要性は明らかとしても，研究を遂行するにあたっては，科学研究の営みへの深い理解と，科学哲学的視点の双方が必要になることが，これまでの研究が十分進んでこなかった背景にあると思われます．また，科学者の不定性への対処を概念化(言語化)するには，STSを初めとする科学論と，現場の科学の密接な協働も不可欠でしょう．本特集の野心的かつ学際的論考が，STSの大きな課題への一里塚になることを，特集担当者一同，願っております．極めて多忙な中，本特集にご協力頂いた皆さんに，心よりお礼を申し上げます．

科学における不定性の類型論
リスク論からの回帰

吉澤　剛*

要 旨

本稿ではこれまでのリスク論による科学の類型化の試みを概観し，社会的意思決定を前提とした議論に代わり，科学という営為に根差した類型論を試みる．実証主義と社会構成主義による対立的な見方を解消すべく，批判的実在論に基づいた存在論，認識論，方法論の三つの審級と，それらを縦断するように対象，系，系との社会相互作用，それら全般という科学の範囲ごとに焦点を当てた四つの項目によって，不定性の15類型を描き出し，地震学を例にその意義を議論する．その結果，科学という営為にかかる不定性の内因性と外因性を階調的に識別できた一方で，量子力学のように階層を縦断したり，科学の範囲を横断するような事例が明らかとなった．しかし，不定性の類型化そのものの不定性は，その克服への絶え間ない挑戦を通して，むしろ科学者に規律と責任を与えることが期待される．

1. はじめに

今でも覚えている，自分の進路を変えた経験がある．大学生のとき，原子核を取り巻く電子軌道の理論計算についての宿題で，その解の導出に近似計算を用いていたことに強い不満を感じた．小学生の頃からの「摩擦や空気抵抗はないものとする」といった但し書きは，計算手法が学習範囲を超えているだけで，いつか高度で精密な方程式を用いて正確な解が得られるのだろう．だいたい生命や社会は原子や分子の運動から成っているので，結局のところ物理学で説明できるのだ，とまでも信じていた．還元主義や物理学帝国主義という言葉も知らなかったナイーブな学生だったと笑ってすませるまでにはしばらく時間がかかった．物理学者の道に進むことに迷って，「科学に限界があると思った」と教授に相談したところ，軽く否定されただけで，はっきりした答えが返ってこなかったことに落胆した覚えがある．世界の見方が変わったのは，科学が不定性に満ちあふれており，科学が進めばわかることが増えるわけではない，と漠然と理解するようになってからである．

もやもやとした思いを抱えたまま科学と社会や政策をつなぐ研究や実務に携わり，科学の不定性

2013年10月25日受付　2014年4月26日掲載決定
*大阪大学大学院医学系研究科准教授，〒565-0871 大阪府吹田市山田丘2-2，go@eth.med.osaka-u.ac.jp

に日々直面するようになると，逆に科学の不定性の本質について考えることが段々とおろそかになっていった．それは純粋に対象とする自然に固有のものなのか，測定や観察という人間の介入によって避けられないものなのか，あるいは，科学に基づいた意思決定が迫られるために立ち現れるものなのか．それが渾然としたまま，様々な専門家や関係者の間でのすれ違いの議論をかたわらで眺めるだけであった．

東日本大震災による津波や原子力発電所の事故による甚大な被害は，科学の限界を改めて科学者の眼前に突きつけるとともに，科学に向けられていた社会からの過大な期待の強い反動として深い失望を招いた．科学に何ができて何ができないのか，何を「科学」の対象とすべきことなのか．これをめぐって科学者と他の専門家や一般市民が衝突するばかりでなく，科学者どうしも一致をみない．それぞれの分野にいる科学者が考える枠組みの外側にある話だから，科学的作法としての共通了解がなりたたないのである．そもそも科学的作法は，同じ自然科学であっても物理学と生物学や医学では天と地ほど違い，人文・社会科学を含めればさらに違いは大きくなる．ところが「科学は確実なものであり，本質的な限界がない」という考え方は，教育や司法の現場では依然として根強い[1)]．これは「知らない」科学者が，社会においては「知っている」専門家としての役割を期待されているともいえる．3.11を奇貨として科学者が科学と社会の境界線を引き直そうとした結果，科学者は専門家の役割を回避して狭くなった科学の領域に引きこもるか，専門家として現実と乖離した世界を構成するといった不健全な反作用が起きている[2)]．科学と社会的意思決定との間に横たわる多様な不定性は，科学自体のはらむ不定性の問題と，科学者としての役割や責任の両方をうやむやにしてしまう．

かかる作業に要する膨大な知識量と分析能力から照らして無謀な試みであることは十分に承知しているが，本稿では科学という営為全体を俯瞰し，そこに現れる不定性を発見法的に類型化してみたい．したがって，この類型化は絶対的なものでも，完備的なものでもないということをあらかじめ断っておく．ただし，これまでの不定性分類の成果と限界を踏まえ，地震学を例に本論の類型化の意義を展望することで，後に続く「不定性」の議論に一つの見取り図を与えられればと期待している．

2. 不定性分類の試み

2.1　リスク論における問題

不定性の議論が生命や財産を脅かすリスクに関する研究から広まったのは偶然ではないだろう．それまで科学は不定性を避けるべきものとして認識されており，積極的に言及すること自体に意義はなかったからである．科学哲学も量子力学や複雑系の議論などを通して個々の現象や理論に関する不定性は触れたものの，それを包括的に把握する流れは芽生えなかった．ポピュラーサイエンスでは好物とされるテーマであるが，科学基礎論以外では研究論文になりにくいのも理由であろう．

不定性の議論については，経済学ではナイト(Frank H. Knight)やケインズ(John M. Keynes)といった古典的な研究が知られており[3)]，これらを受けて科学[4)]，工学[5)]，科学政策[6)]，リスク研究[7)]において類型化の議論が進められている．これら多様な分野の先行研究を徹底して渉猟し，簡潔かつ実用性の高い形式にまとめたのはスターリング(Andy Stirling)である．彼はリスク評価が依拠する本質的な不定性(incertitude)について，発生可能性のある有害事象(発生結果)とその発生確率それぞれに関する専門知が「定まっているか否か」によって，「リスク」，「不確実性」，「多義性」，「無知」という4つに類型化した(表1)[8)]．

表1　不定性の類型化

発生確率についての知識 ＼ 有害事象の発生可能性（発生結果）についての知識	定まっている	定まっていない
定まっている	リスク	多義性
定まっていない	不確実性	無知

ところがここで悩ましいのは「定まっている（unproblematic）」という表現である．原文を直訳すれば「問題がない」という意味であり，「誰々にとって」という明確な社会的・政治的主体を主語に要請する，すぐれて価値規範的な表現である．対して翻訳の「定まっている」は社会的・政治的のみならず科学的な含意も混在しているため，純粋に自然科学的な見地からこの類型化を捉えることも可能である．しかしこれによって「リスク」「不確実性」は科学的合理性の下で判断され，「多義性」「無知」は社会的合理性の下で判断されるという大きな誤解を招きかねない．すなわち，科学の世界では発生確率についての知識が定まっていない事象は広く知られており，科学に不確実性があるという言説は理解されやすい．一方，発生結果は，特にリスクの文脈において，それがしばしば「安全であるかどうか」という言説に引きつけられて議論されているという点において，個人の社会的認識に負う部分が大きい．これは類型表において縦方向に科学（左列）と社会（右列）の分断を招き，スターリングの本意から外れてしまう．スターリングはこの類型化について，リスクから無知まで斜め方向にグラデーションを描いて説明する．彼は4種類の不定性をいったんすべて社会の側に回収した上で「不確実性」と「多義性」の対称性に言及しており，「リスク」や「不確実性」といえども科学的に導き出されるのではないと主張している．科学と社会が両者ともフラットに扱われているという点で，科学と社会の共同構成（co-construction）を示しているともいえるが，科学者から見れば4類型すべてが社会的に挑戦を受けうることから社会構成主義的でもあり，科学の〈内部〉にある多様な不定性を捨象しているとも感じられる．また，「定まっている」リスク領域を目がけて左上に向かうことを職業的良心とし，社会との応答性を忌避して引きこもる科学者を量産することもなりかねない．これは科学とそれに基づく社会的意思決定の間にいくつかの段階や階層に分かれるべき「不定性」を，リスク評価という最も意思決定側に近い観点から類型化を行っているために生じる問題である．スターリングはこの類型化をめぐる見解の相違や論争を健全なものとして評価するが，簡潔すぎるがゆえに科学者側からの誤解を多く招いているようにも映る．

2.2　不定性の階層化

これまでの不定性の類型化はたいていリスクの観点から出発しており，社会的意思決定を出口とした議論であるため，通常われわれがイメージする「科学」の領域を大きく越境している．本稿で必要なことは，リスク論ではなく科学論に基づく類型論であり，それにあたり，科学哲学的な階層化を導入したい．批判的実在論は実在主義的な存在論と解釈主義的な認識論を組み合わせたもので，実在的世界は実在と現実，経験の三つの領域に明確に区別され，自然現象を生み出すメカニズム（実在の領域）と，実際に生起した事象（実在の領域と現実の領域），その経験的事実（実在の領域と現実の領域と経験の領域）は実在的に独立しているとする[9]．これをそれぞれ存在論，認識論，方法論という哲学的な審級に対応させながら，科学の不定性を捉えてみる[10]．これらは「xが本質的に不定的な性質を持つ」，「xに対する人間の認識が不定的な性質を持つ」，「xに対する人間の介入が不定的な性質を持つ」と言い換えることもできる．このように分けることで，実証主義と社会構成主義の両極に針が振れることなく，類型化においては存在論の審級と認識論や方法論の審級との間でそれぞれの位相を見せることが可能となる．そこで，以後３章から５章まで，各章でそれぞれ存在における不定性，認識における不定性，方法における不定性を取り上げ，さらに概念的に細分した類型を紹介するとともに，それぞれの不定性に対する対処法も議論する．

3. 存在における不定性

不確定性，不完全性，不可能性というのは語呂がよく，それぞれの提唱者も著名であることから，最近の科学論の書籍にはよく取り上げられている[11]．科学のなかでも純度の高い数理科学や形式科学に登場する不定性であるから，好まれるのも不思議ではない．リスク論においてはアローの不可能性定理が取り上げられることがあるものの，不確定性や不完全性に対する言及は乏しい．また，対象自体が本質的に不定であるということは，生物科学や地球科学ではひどく当然のことなので看過されがちである．

3.1 不安定性

生物および圧力や熱，化学的に変性する無生物は，観察・観測する対象が一定の状態や性質を保っておらず，時間とともに変動する．生態系，地球系，銀河系などの進化もこうした不安定性を持つ[12]．むしろ自然科学の分野では，抽象化された不変的な物理対象を扱うことの方が稀であるといえよう．また，生物の生死や活断層など，科学的な必然性というよりは社会的な要請によって，本質的に多様で不安定な対象を概念化することが求められる場合もある．

対象が不安定であると，観察や観測の結果が定まらず，それに基づく確かな科学的知見を得ることができない．したがって，こうした不安定性に対し，対象を追跡して変動するさまを観察・観測したり，複数の対象を比較標本や群として安定的に捉えたりすることが考えられる．

3.2 不確定性

物体の位置を測るときには正しい値からのずれ（誤差）が生じる．また，測定という行為自体によって，物体の運動量に不規則な乱れ（擾乱）が生じる．量子力学においては位置の測定誤差と運動量の擾乱はトレードオフの関係にあり，位置を正確に測るほど運動量の擾乱が大きくなるので，両方を正確に知ることはできない．これが物理学者ハイゼンベルク（Werner K. Heisenberg）が定式化した不確定性原理である．これは測定するかしないかに関わらず，位置と運動量が持っている物理的な性質である．小澤正直は2003年に新たな不確定性原理の式を提示し，ハイゼンベルクの式に位置と運動量のゆらぎを考慮した２つの項を新たに加えた．ハイゼンベルクの思考実験では電子は古典的であり，不確定性原理の定式には測定が対象を乱すということは明示されていなかったが，小澤の式では測定前の電子の位置のゆらぎと，運動量のゆらぎが考慮されている[13]．

測定精度を向上させるため，わざと粒子の位置ないし運動量のゆらぎを大きな状態を作ることで測定における誤差と測定による擾乱を小さくするという，この不確定性に対処する方策が示唆されている．

3.3 不完全性

数学者ゲーデル（Kurt Gödel）は，嘘つきのパラドックスをもたらす自己言及文「この命題は偽である」を「この命題は証明不可能である」に取り替えるとどのような帰結が生じるはずかを考察して，不完全性定理の着想を得た．ゲーデルが示しロッサー(John B. Rosser)が補強した第一不完全性定理とは，「機械的計算によって確証できる程度の初等算術的言明がすべて証明できる無矛盾な形式体系Sは，初等算術の言明について不完全である．つまり，Sでは証明も反証もされない初等算術の言明がある」[14]．また，第二不完全性定理をややくだけて言えば，「ある程度の初等算術が実行できる無矛盾な形式体系Sでは，Sの無矛盾性はSの中で証明できない」[15]となる．不完全性定理は，理論計算機科学においてチューリングマシンの停止問題として応用されている．あるプログラムと入力が与えられたときにそのプログラムが停止するかどうかは，プログラムを実行するしかなく，この停止問題は計算不能ないし判定不能とされる[16]．

科学において系が不完全であることは，通常それほど問題とされないが，数理科学や計算機科学のような形式性の高い分野では証明不可能や計算不能といった事態を招く．このような不完全性に対処するためには，別の公理系や別の計算機といった，他の系の存在が必要であると考えられる．

3.4　不可能性

経済学者アロー(Kenneth J. Arrow)は合理的な個人選好として選好の連結律(いかなる選択肢に対しても，個人はそれを比較し選好順序をつけることができる)と選好の推移律(もし個人がXよりYを好み(X＞Y)，YをZより好むなら(Y＞Z)なら，X＞Zでなければならない)を挙げる．そして，民主主義社会に必要な四つの条件を定式化した．

(1)　**個人選好の無制約性**：個人は与えられた選択肢に対してどんな選好順序も持つことができる

(2)　**市民の主権性**：社会を構成する全員が一定の選好を示したら，その選好は一意に社会的決定となる

(3)　**無関係対象からの独立性**：二つの選択肢の選好順序は他の選択肢の影響を受けない

(4)　**非独裁性**：ある特定個人の選好順序が他の個人の選好順序に関わらず社会的決定となることはない

そうすると，個人が選好の連結律と選好の推移律を満たし，社会が四つの条件を満たす完全民主主義モデルには論理的に矛盾が生じる[17]．そればかりか，いかなる民主的な投票方式においても，個人やグループが意図的に選好順序を偽って投票することで結果的に自分たちに好ましい候補者を当選させるような戦略的操作が必ず生じうること(ギバード＝サタースウェイトの定理)が証明されている．

経済や政治における民主的な意思決定を目指してこの不可能性を回避するには，たとえば新たな選挙方式として考案されている「認定投票」(approval voting)[18]などを用いることが考えられる．また，そもそも民主的な投票方法という社会規範にかかる制約を取り除けば不可能性は発生しない[19]．

4.　認識における不定性

存在における不定性は対象や系，その社会的相互作用において実在するものであったが，認識における不定性は人間の認識に依存し，現実として現れる．これには，科学研究という営為にかかる理論や現象の未知性，対象が複雑な性質を有するために認識として現れる不確実性，日常言語の曖昧さに起因する不可測性などがある．

4.1　未知性

科学者の最も基本的な行動原理ないし研究動機は，既知の自然現象，その原理や作用機序を説明する新たな理論を確立したいか，既知の理論に従って新たな自然現象を発見したいかのいずれかであろう．元素は太古から存在が知られていたが，メンデレーエフ(Dmitrij I. Mendelejev)によって周期律が発見されるまで異なる元素の間の関係性が長らく不明であった[20]．しかしいったん理論が明らかにされると，周期表は未発見の元素も予言することとなった．これらは後にガリウムやスカンジウム，ゲルマニウムとして発見されるまで，存在が定まらない状態にあったといえる．物理学では電磁波や，最近ではヒッグス粒子の発見などがあてはまる．このように理論が先で現象が未発見か，観察や観測が先で理論(および学術用語[21])が未解明かは事例によるが，いずれにしても科学的対象は不定性の状態に置かれていることになる．

特に理論が先行した場合，理論の示す方程式が複数解を持ったとき，そのうちのどれが正しいかわからないという状態もありうる．さらに正解は一つに限らないかもしれない．たとえば，アインシュタイン方程式のブラックホール解を時間反転させた解としてホワイトホールの存在が数学的に示唆されているが，現実には確認されていない．自然科学で用いる方程式の解は複数得られることが多く，どの解を用いればよいかは文脈に依存し，特定の系に最適な解を用いることで果たされる．こうした解の選択において不定性があるといえよう．

科学を前進させるためには，この未知性に向かっていくしかない．これは，現象の発見や理論の解明に勤しむという通常の科学的プロセスそのものである．

4.2　不確実性

不確実性という用語は科学の不定性を表現するために最も一般的に用いられているが，論者によって実に多様な概念が含まれている．リスク論ではこの不確実性を確率や統計の概念と関連づけて説明することが多い．確率や統計は単一の現象や物質に対する巨視的状態の表現であるため，ここではいったん微視的な物理状態における「複雑性」に遡ってみる[22]．

複雑性を理解するには，二体の悪魔に登場してもらうのがよい．一体は19世紀の数学者ラプラス(Pierre-Simon Laplace)が提唱した決定論的未来像である．すべての物質の力学的状態と力を知ることができ，それらのデータを解析できるだけの知性が存在するとすれば，未来は過去と同様に確実に知ることができるだろう．この知性は後に「ラプラスの悪魔」として広まることとなる．相互作用する三つの天体の軌道計算の複雑性は長年にわたって三体問題として科学者を悩ませてきたが，ラプラスはこの一部を解決し，上のような未来像を提唱した．現在でこそコンピュータによる数値解析を利用して多体問題を計算することは容易だが，複雑性の本質的な要因は，複数の物質間の持続的な相互作用によって系が乱れる摂動のため，解析不能や不可積分になる点にある．これがカオスの原因であり，「香港で一羽のチョウの羽ばたきがニューヨークで嵐を起こす」といった喩えのごとく，初期状態のわずかなずれが大きな結果の違いを生む[23]．系を構成する要素が複数になるほど，系の初期条件を厳密には知りえないという意味で不定性が現れる．こうした非平衡系として，ほかに，溶媒中に浮遊する微粒子がランダムに運動する現象であるブラウン運動や，電気回路における熱雑音も挙げられる．

もう一体の悪魔は同じく19世紀に誕生した．物理学者マクスウェル(James Clark Maxwell)による思考実験において，均一な温度で満たされた容器を小さな穴のついた仕切りで区切り，速度の速い分子を一方の室に，遅い分子を他方の室に通すように穴を開閉する存在を指す．このマクスウェルの悪魔は，「系の微視的な乱雑さは不可逆的に増大する」とした熱力学第二法則に反するとして，存在をめぐる議論は現在も続いている[24]．

高分子の構造や生物の突然変異，複数の物質間の持続的相互作用による微視的な摂動は個々の物質の記述については確率論的であるが，粗視化すると統計的に定まった形式で現象を解釈することが可能となることがある．つまり分子的なカオス現象は現象論としての熱力学とは矛盾せず，カオスであっても巨視的なレベルでの予測は必ずしも妨げない[25]．

4.3　不可測性

科学に用いられている日常言語はほとんどすべての日常言語と同様の曖昧さを持っている．それにも関わらずこれらが科学の中で正当な地位を得ているのはひとえに科学者が支障を感じていないからである[26]．この不可測性はさらに「曖昧さ」，「多義性」，「不特定性」に分けることができる[27]．

曖昧さの例として，「砂山から一粒の砂を取り去っても依然として砂山である．これを繰り返していくとしてどこからが砂山でなくなるのか」という砂山のパラドックスが有名である[28]．これを解決するためにたとえば「砂山らしさ」が連続的に変化するとしたファジィ論理[29]や，離散的な変化における上限と下限の幅を持った領域を扱うラフ集合[30]が，情報科学の世界で普及している．

多義性は言葉が一つ以上の意味を持っており，その意味するところがはっきりしないことから起こる不定性である．たとえば，「被覆」は植生構成を記述するのに一般的に用いられる．この言葉は植物の地上部の垂直投影によって覆われる地面の割合か，樹冠(樹木の上部で枝や葉が茂っている部分)の垂直投影によって囲われる面積かという多義性がある．多義性は曖昧さと混同されることが多いが，両者はまったく異なるものである．「被覆」は砂山のように境界事例を持たず，ファジィ理論のようなものでは扱いえない．これには学術用語の意味を明確にするという対処が求められる．

不特定性は，ある言明が望ましい程度の特定性を与えてくれないときに起こる．たとえば「この先何日が雨の日か？」や「タスマニアタイガーが絶滅した確率は0と1の間である」といった言明である．また，利用しうるデータが使えない状況にも当てはまる．たとえば，かつては，動植物の調査で「オーストラリア内陸部」や「シドニー北部」といった非常に不正確な場所が記されていたり，場所についての情報すらない場合もあった．この不特定性に対しては，可能な限り範囲を限定したり，利用可能なデータをすべて特定するということが必要である．

4.4　不可知性

実験系の物理学，化学，生物学では，科学は観察可能，実験可能，反復可能，予測可能，一般化可能という典型的なイメージがあるが，天文学や地球惑星科学，進化生物学など多くの分野ではこれがなりたたない．なぜか．一つは，自然が歴史を持っており，過去の現象は直接知覚できないということである．情報通信機器を含めた観測技術の進展により，現在の地球上で起きているどんな現象についてもより即時的・直接的に知覚することが容易になりつつあるが，天体観測は光速を超えて知覚できないため，遠くの天体を観測することは過去の現象を観測することと同義である．そのため，たとえばペルセウス座付近で2億3800万年ほど前に爆発した超新星は，2006年になって地球上に光として届きわれわれがその事実を知ることができたが，その時間差だけその恒星に関するわれわれの認識に不定性があることになる[31]．同様に，過去の地球における気候や恐竜などの種やその生態系についても現在の時間差だけ不定性を生じるため，現在の地層や鉱物，化石といった痕跡や，現在の気候や種，生態系から変化や進化を類推するしかない．

また，そもそも，系の存在がそれを知覚する人間を前提としていることがある．つまり，この世界がこの通りにあるのは，それを認識している主体すなわち人間が存在しているからである[32]．リース(Martin Rees)によれば，6つの基本的な物理定数のどれかでも現在の数値より少しずれていれば，人間まで生態系を進化させるような惑星は生まれなかっただろうとする[33]．したがって，こうしたパラメータがなぜこのような数字となっているのか，その理由については，われわれ人間が別の宇宙を知覚できない以上，不定なのであり，これに対処する術もない．

4.5　非普遍性

非普遍性は，系の知覚にかかる不可知性とは異なり，時空間的に普遍でない系の意味づけに関係している．不定性の議論でしばしば見落とされがちなものは，系の物理的境界である．特に実験室で閉鎖系を実現することが難しい生態・環境科学が一般的に当てはまる．象徴的な事例は諫早湾干拓をめぐる環境影響評価にある．対象系を諫早湾に限定するのか，有明海まで拡張するかによって，海洋モデルとその結果(および社会的含意)は大きく異なる．こうした系は局所的な特性があるので，似たような気候・生態系を持つ地域がアジアとアフリカにあったとして，それらの比較には不定要因が必然的に付きまとう．また，たとえば，人間が活動するようになった第四紀が氷期と間氷期を繰り返していることから，現在観測されている地球温暖化がこのような大規模な気候変動の一環であるのか，人間活動の結果なのか，双方の程度をめぐって議論が続けられている．これは地球温暖化をどのような時間スケールで捉えるかという科学的問題でもあり，地質学的にも第四紀の再定義を迫っている[34]．

このように，ある事象が局所系で記述しえても，他の系における予測可能性や幅広い系での一般化可能性が十分でないと科学の信頼性が問われることもある．この対処として，複数の局所系を時間的・空間的に横断したスケールで捉えるアプローチが考えられる．たとえば群集生態学では，局所群集が生息地間の個体の移動分散によって地域的なスケールで相互作用する多数のメカニズムによって影響されるとするメタ群集という考え方が広まっている．この概念は，保全生物学において生息地の分断化が個々の種や生物群集全体に与える影響を予測する上でも有用であると期待されている．

4.6　非決定性

ハンソン(Norwood R. Hanson)は実験や観測によって得られたデータや結果は理論に中立でなく，必ず何らかの理論負荷があるという観察の理論負荷性を唱えた．これを援用したものは，クーン(Thomas S. Kuhn)のパラダイムとして広く知られている．クーン以降，理論内容をある程度の期間観察して，その主要な理論への反証例に対する集団の態度によって科学を特徴づけようとする科学哲学の潮流も生まれた[35]．ここで，科学の対象はそれに理論的説明を与える系を必要とし，その系が科学的であるかどうかは科学的営為を行う集団の社会的相互作用によって決められる．すなわち，複数の集団が存在し，論争になっている場合に理論系は一意には決まらない[36]．これを非決定性と呼ぶことにする．科学においては，「フレーミング」の言葉で知られるように，知覚と意味づけが切り離せず一体的な認識となっていることも多い．たとえば大陸移動説を唱えたウェゲナー(Alfred L. Wegener)は気象学を専門としていたため，地質学の主流(大洋を隔てた地域がかつて陸続きであったとする陸橋説)と大きく異なるこの説に対して，生前に学界の支持を得ることはできなかった[37]．彼の死後，大陸を動かす原動力を説明する理論としてプレートテクトニクスが広まるようになって大陸移動説がほぼ決定的になった．また，科学の対象が人間活動に近くなるほど，認識可能性はモデルのバイアスによって脅かされやすいことも知られている．社会心理学や医療保健行動科学では，(1)合意性の情報が軽視されやすい，(2)外的原因が十分に考慮されずに，まずは人間のせいにされやすい，(3)行為者は外的帰属(ポジティブな結果は内的帰属)，観察者は内的帰属にしたがる傾向がある，(4)自己を高く評価する自尊心や他人から評価されたい，外的な環境に影響を大きく及ぼしたいなどの動機，によってモデルの構築や結果の分析，理論の構築が影響されるという[38]．

したがって，観察対象が人間活動の場合であれば，観察者と行為者の双方に認識のバイアスがあることを意識して手法を慎重に設計することが求められる．また，科学的営為を行う集団がどのように科学的知識を生産し社会的に相互作用しているかということを多面的な基準[39]で評価することが必要となる．

5. 方法における不定性

方法における不定性は人間の観測や実験という経験によって発生する．実験装置の性能，その操作や標本の作製などにかかる能力の違い，固有な対象の観測や実験に対する信頼性の程度，そして社会規範として定められた範囲で行う科学的営為の限界などによって不定性が現れる．

5.1 操作性

実験科学においては，実験装置自体の性能の優劣や検出限界[40]がある．また，たとえばナノ粒子の体内曝露を計測するといった場合に，ナノレベルの粒子だけを空間中に均等に分散させる前処理の困難さが指摘されており，粒子数や曝露経路など，多くの点において近似的に把握せざるをえない．特に生命科学の分野では，実験装置の操作や標本の作製や採取，抽出にかかる手技において，暗黙知の存在がよく認識されている[41]．

現実世界で系の再現が難しければ，計算機上でシミュレーションを行うこともできる．だが，たとえば海流や気象のシミュレーションモデルにおいて格子計算を行う際，どこまで空間メッシュを細かく切ればよいかは，初期データの入手可能性や計算機の能力，モデルの設計に依存する[42]．遺伝子解析においては，遺伝子固有の変異と，シーケンサーによる検出誤りがあり，何回も装置を走らせて誤りを訂正するか，アルゴリズムによって除去するかといった操作が必要である．その意味で解析から得られる遺伝子情報には不確定な部分が常に残ることとなる．そもそもこうした情報通信技術においては情報の伝達や保存にかかる情報劣化は避けられず，誤り検出のための符号を埋め込んだり，多重配信・ストレージや伝達・保存媒体の性能向上によって誤りを訂正・低減していく．数学においても，計算機の性能が分野の進展を促進する．たとえば隣接する領域が異なる色に塗り分けるにはどんな地図でも四色あれば十分だとする四色定理は，コンピュータの発達によって解決された．また，巡回セールスマン問題[43]は計算複雑性理論においてNP困難と呼ばれる計算量的に困難な問題として考えられている．これは数学の未解決問題でも重要な問題の一つであるが，現代暗号理論と密接に関係しており，情報科学の分野への影響は非常に大きい[44]．

科学的対象はそれを探究する者と同一の世界に存在しており，時間軸が重なっている場合，観察者効果と呼ばれる対象への干渉が発生することがある．たとえば物理科学において，電流計や電圧計は測定対象の回路に接続する必要があり，この計器のために本来測るべき電流や電圧が影響を受ける．同様に温度計も測定対象の温度に影響を与えるというように，機器による観測によって観測対象の状態を必然的に変化させてしまう．また，社会科学においても，ホーソン実験で知られるように観察者の存在が対象者の振る舞いに影響を及ぼすことがある．

この種の不定性への一般的な対応としては，装置の更新・改良や手技の改善，操作による誤りや観察者効果の程度を検出・予測して考慮する解析モデルの利用などが考えられる．ただし，大型の科学装置を扱う場合，試行錯誤によって設計を最適化させるということもできず，現実には専門家間での共感や納得といった集団の暗黙知を通じてモデルが決定される[45]．

5.2 固有性

科学の対象に個別性があり，普遍的な形式で捉えることが困難な場合がある．最も単純には，試料をどのように選択するかという問題である．ヒトやマウス，細胞，鉱物，岩石にそれぞれ個体差があるなかで，厳密な意味で平均的・標準的な試料だけを見つけて取り出し，医学や生物学，地質学の観測や実験に用いることはできない[46]．このような個体性ばかりでなく，稀少・高価な素材・材料，実験用動植物が入手できず，その実物を対象とする望ましい科学研究が進められないという場合もある．そこでは代替物の利用によって本来の観察・観測結果を推論しなければならず，不定性が避けられない．また，地球や宇宙といった唯一性のある巨大な対象や，過去にしか存在しなかった恐竜の生態，高深度にしか存在しない深海生物種などについては，もとより観察や実験的介入が現実的に不可能である．そのため，地球温暖化やビッグバン理論，恐竜の生態の検証や深海生物種の発見には，探査機や加速器，スーパーコンピューターといった実験や観測，シミュレーションのための機器が必要となり，機器の発達とともに科学的真理に漸近していくことが期待されている．

5.3 作為性

観察や実験，モデル，装置の理論負荷性は，研究者に作為を働かせる．ニュートンの万有引力の発見における実測やメンデルの形質遺伝における観察では，「故意の欺瞞」とも言われるデータの意図的な取捨選択があったとされる[47]．ミリカン(Robert A. Millikan)の油滴実験は電気素量を求める美しい実験例として科学教育にもたびたび利用されているが，170あまりのデータから58例を選択し測定結果の誤差を小さく見せようとしたことが明らかとなっている[48]．これによってミリカンの研究に対する評価は減ずることはないものの，科学者は自分の理論や推論系に合うように見たいものを見るという傾向は，観察や実験という行為に意識的ないし無意識的に表れてしまう[49]．これに対処するため，たとえば医学の臨床試験においては，プロトコルを事前登録・公開させ，それにしたがって研究を進めることで，都合の悪い情報が公開されないといった治験における作為を避けようとする活動が広まっている．

人間のこうした認知心理学的傾向は確証バイアスとして知られ，正しい科学的推論が妨げられたり，誤った第一印象やステレオタイプが強化されて固定されるといった否定的な論調が展開されてきた．ただし，人間の科学的営為にかかる仮説検証過程を合理化・効率化する方法とも見ることもでき，このバイアスにかかる不定性は一概に解消されることが望ましいともいえない[50]．

5.4 規範性

医学研究であれば，モデル動物での前臨床実験を経て，ヒトを対象とした臨床試験が行われる．しかし，毒性学などの場合，ヒトに有害物質を曝露させることは対象となるヒトにとって有益なことがない人体実験にほかならないため，倫理的に許されず，法制度的に禁止されている．マウスやラットに吸引させた粒子が健康に影響を与えるとして，ヒトにおいても同様な結果が得られるかどうかは定かではない．有害物質による過去の人体への健康影響の事例や，マウスとヒトとの生物学的な違いから，モデル計算によって類推することがせいぜいである．また，近年，遺伝子解析の進展において疫学研究で問題となっていることに個人情報の管理が挙げられる．個人の遺伝子情報と医療・健康情報と連結することができれば医科学研究の進展が期待されるものの，プライバシーなどの観点から，慎重に進めなければならないとされる．クローン人間やキメラ生物，ヒト胚細胞，稀少生物，毒物劇物の取扱いや動物実験に関し，研究の禁止や規制，厳重な管理義務などがあり，他方で，事業仕分けに象徴されるように巨大科学には財政的な規律も求められるため，科学者は自由に何でも研究ができるわけではなく，その意味で，科学の活動とその結果として得られる知識には限界がつきまとう．

6. 類型化とその意味

前章まで多様な不定性の形態を紹介してきたが，単に，存在，認識，方法の審級を階層的に区分して項目を羅列してきたわけではない．この三階層を縦断するような，科学の対象に起因するもの，対象系に起因するもの[51]，対象系と社会との相互作用に起因するもの，そしてこれら全般に関わりほぼあらゆる科学的営為に必然的に伴うもの，という四種の不定性によって，この三階層が行列として類型化される．さらに現実の階層は認識において外界からの情報を得るまでの過程（知覚）と，それが知性的能力や知識の介在によって意識に上る過程（意味づけ）に分けられる（表 2）．

表 2　不定性の 15 類型

<table>
<tr><th rowspan="2"></th><th colspan="4">全般</th></tr>
<tr><th></th><th>対象</th><th>系</th><th>社会的相互作用</th></tr>
<tr><td>存在</td><td>不安定性</td><td>不確定性</td><td>不完全性</td><td>不可能性</td></tr>
<tr><td>認識（知覚）</td><td>未知性（未発見）</td><td>不確実性</td><td>不可知性</td><td rowspan="2">非決定性</td></tr>
<tr><td>認識（意味づけ）</td><td>未知性（未解明）</td><td>不可測性</td><td>非普遍性</td></tr>
<tr><td>方法</td><td>操作性</td><td>固有性</td><td>作為性</td><td>規範性</td></tr>
</table>

6.1　科学的営為全般にかかる不定性

生物，無生物であれ，ほとんどの科学の対象は一定の状態を保たず時間とともに変動する．これは生態域や地球などを系として捉えるときも，また，医科学における生死の概念のように社会的要請によって捉えるときも，不安定性が現れる．また，未発見の自然現象や未確定の理論や学術用語は科学に必然的なプロセスであり，理論という意味づけが与えられて現象を発見するのか，現象という知覚に基づいて理論を確定させるのか[52]，という二つの相補的な方向性がある．どの理論に基づいて現象を発見するか，どの理論を確定させるかは対象系ばかりでなく，学会など科学者集団の社会的活動にも影響される．そして，観測や実験といった人為的操作は，対象の作製や採取，抽出，同定にかかる装置の性能や手技の優劣に左右され，シミュレーションによる系の再現においてもデータの入手可能性，計算機の能力などに依存し，モデルの設計は専門家集団に共有される暗黙知を通じて決定されることもある．

こうして，対象や系，その社会的相互作用の有する不安定性や操作性，現象の未発見や理論の未確定に伴う未知性は，科学的営為に一般的に伴うものであり，科学論でもことさら意識しなければ議題に上らず，これが不定性と呼ばれることはない．しかし，他の種類の不定性との関係も深く，その基盤をなす根源的な不定性であるといえる．

6.2　対象に起因する不定性（対象の不定性）

量子論的には不確定性原理，より正確には量子論的ゆらぎのために物質の位置や運動量は本質的に定まらない．古典力学において，ラプラスの悪魔が存在しえない現実世界では，複数の局所最適解の存在や，解析的手法の非存在，カオス的初期条件への鋭敏性，物質間のもつれによって不定性が立ち現れる．また，系統分類学を筆頭に，言語を用いることによる種や科学的概念の定義の曖昧さが挙げられる．方法論的に見ると，対象の個別性，稀少性，唯一性，歴史性，対象へのアクセスの限定性などによって，観測や実験に限界が生じる．

このように存在論の審級にしたがって対象の不定性が分けられるが，量子力学は厄介であり，以下に述べる意味で測定が実在に影響すると見ることができる．アインシュタイン，ポドルスキー（Boris Podolsky），ローゼン（Nathan Rosen）は，空間的に離れた場所に置かれた装置間で，一方の測定が他方の測定に影響を与える「非局所相関」が存在しうるとして，思考実験によって量子論の不備を指摘した．これは彼らの頭文字をとってEPRパラドックスと呼ばれていたが，後にこの相関が確証された[53]．

6.3　系に起因する不定性（系の不定性）

ゲーデルが明らかにしたことは，数学であっても公理系自体の完全性をその公理系自身では示せないということである．科学一般に敷衍しても，対象系を選択，設定する根拠は自身の理論からは導き出せえず，宇宙論におけるパラレルワールドの仮説，環境科学における対象系の境界設定や，生態学における局所群の認知のように，系外との相互作用やメタ認知を通して理解される．また，系の再現可能性や検証可能性を阻む歴史性や稀少性，資源制約については，計算機の進展に伴ってシミュレーションでかなり補うことができる．しかし，シミュレーションは新たな世界を仮想的に創造することでもあるので，モデルやアルゴリズム，データの設定において相応の理論負荷性がかかる．また，通常の観測や実験においてもこの理論負荷性のために意識的・無意識的な作為が現れ，結果に影響を及ぼす．これらを避けるため，異なるデータやモデル，手法を用いた比較や統合的評価によってより適切な観測や理論を目指さなければならない．

6.4　系と社会との相互作用に起因する不定性（社会的相互作用の不定性）

アローの不可能性定理は，社会科学における一つの限界を表しており，それは社会で要請される「完全に民主的な投票方法」が無い物ねだりであることを厳格に証明した．社会を対象とする社会科学の例と混同されてはならないが，自然科学においても，科学的営為はこの社会の内部においてなされるものであり，同僚研究者（ピア）や学会の評価などによって研究の科学性が定められる．特に科学全般にわたって産業や社会的・公共的価値の創出に向けて応用が強く期待されるようになるなかで，また，倫理的・法的問題や巨大科学に対する財政的問題，科学そのものに対する一般からの期待など，社会的な制約が次第に厳しく課されるようになるなかで，多くの科学的分野では現実的に無い物ねだりをしている可能性がある．そこでは科学的に考えうる次善策が講じられるが，最適解を得られないという意味で不定である．

6.5　地震学を例にして

このような不定性の類型化はどのような意味を持ち，何の役に立つのであろうか．地震学の分野を例に挙げて，わかりやすく考えてみたい[54]．地震の発生は地球が活動している証でもあり，これは取りも直さず地震学の研究対象が本質的に不安定であることを意味している（不安定性）．断層運動は活動時期，場所，規模など様々であり，局所性を持つ．たとえば869年の貞観地震は遠い過去に起こった一回性の事象とされ，同規模で発生した東日本大震災の予知や防災に活かされなかったと言われている(固有性)．過去の地震について震源特性の影響を考慮して地震動を推定するには，断層とその破壊過程をモデル化する必要があり，そのために数多くの断層パラメータが設定され，多様なモデルが並立する(操作性)．地震の原因となるプレートの境界面の破断は地球内部で起こる複雑系の現象と解され(不確実性)，そのための実験もできず，経験も十分でないため(不可知性)，いつ起こるのか予測できない．したがって，「地震予知」は社会的に要請されているものの，科学的に合理的な活動ではないという批判が強い(不可能性)．しかし，「日本の地震学は，震災対策というものを結び目にし，地震学と日本の社会とが結びついてきたその結合の力で，政府を動かし大きな計画と研究体制をつくってきた」[55]とされる．ここで地震予知もそのためのフレーミングとして利用され，その下で観測が実施され，分析も地震予知に資するものとして科学的・社会的に扱われてきた(非決定性)．だが，大地震や噴火の直前予知を目指す場合には，多数の計測器を何十年，何百年と維持・更新し，データを収集・解析していかなくてはならない．しかも，世界有数の密度を持つ現在の東海地震予知観測網をもってしても前兆を検知できる確証が得られているわけではない[56]．このことは社会・経済の観点から科学活動を維持することの限界も示している(規範性)[57]．

地震学の歴史を振り返ると，1890年代から約30年間，国内外で地震学の権威者として知られた大森房吉は，膨大なデータから地震頻度の変化と気圧変化との関係を発見し，これらを地震の副因だと説明した．現代では牽強付会とされるこの理論は，当時の科学者にとっては魅力的なものとして認識されていた[58]（作為性)．地表下300km以上も深くところに震源を持つ地震(深発地震)があることは，関東大震災以降に全国の地震観測網が整備され，それを十分に利用できた和達清夫によって発見されている(未知性/未発見)[59]．「地震とは最近地質時代を通じて広域的・持続的に存在する地殻応力場のもとで既存の断層に沿って繰り返される断層運動である」という断層地震説は1960年代半ばになって確立されたものの[60]，その断層運動を発生させるプレートを移動させる原動力は今なお未解明の部分が多いとされる(未知性/未解明)[61]．地震を起こすとみられる「活断層」は「最近の地質時代に繰り返し活動し，将来も活動する可能性のある断層」であると定義されているが[62]，「最近の地質時代」とはどの時間範囲を指すのか明確に示されていない(不可測性)．この時代は一般的に第四紀以降とされるが，第四紀後期(概ね十数万年前)以降とされる場合もあり，第四紀の地質区分そのものも近年，再定義されている(非普遍性)．

地震学は断層の破壊現象を扱うがゆえに，本質的に不安定な存在を対象とする．しかし社会的要請としての「地震予知」は，科学として収まりにくい枠組みを避けがたい．こうした存在論とは別に，われわれの認識の限界として，深発地震の発見や断層地震説の解明などを経ながらも，まだ未発見の事象や未解明の理論は多くあるとされる．地球内部の複雑系は不確実性に満ちており，実験もできず経験も十分でない．地震学の社会的応用にとって重要な活断層や第四紀といった定義も曖昧さがつきまとっている．さらに，こうした認識論とは別に，科学の方法に現れる不定性として，地震動の推定モデルは多数のパラメータ設定が求められ，断層や地震の固有性によって個々の比較や類推に限度があり，観測や理論において研究者の作為が入りうる．地震研究にかけられる予算は無制限になく，観測・分析体制の不十分さが知見に一定の不定性をもたらす．本稿の類型化を用いれば，このような審級や性質の異なる不定性を整理することができる．

これに対して，スターリングの類型化では，地震学で観測される多くの現象が不確実性ないし無知の領域に位置づけられるものであり，発生確率についての知識が「定まっている」リスクや多義性は，もとより多くない．したがって，地震学の不定性というのは，地球内部の活動という不安定な性質を指すのか，実験ができず経験が少ないということか，プレートを移動させる原動力が未解明なことか，活断層という定義の曖昧さか，個々の地震がローカルで特有の現象であることか，観測や解析が地震予知というフレーミングにとらわれて偏向していることか，多数の計測器を設置・維持できない経済的・社会的制約のことか，リスクと意思決定の観点からの4類型では語ることができない．

7．結論

本稿ではこれまでのリスク論による科学の類型化の試みを概観し，社会的意思決定を前提とした議論に代わり，科学という営為に根差した類型論を試みた．批判的実在論に基づく存在論，認識論，方法論の三つの審級と，それらを縦断するように対象，系，系との社会相互作用，それら全般という科学の範囲ごとに焦点を当てた四つの項目によって，不定性の15類型を描き出し，地震学を例にその意義を議論した．各類型は排他的なものではなく，むしろ積極的に相互関係性を有している．たとえばウシを生態系あるいは食物連鎖の一部として，メタンガスを排出する汚染源として，あるいは感染症の宿主として見るのでは，同じ対象でもまったく見方が異なり，対象が観測・理論系に依存することは明らかである．さらに系と社会的相互作用の境界線も科学の純度が下がるにつれて曖昧になっていく．一方で，審級間の境界もまったく確定的ではない．量子力学では粒子の存在は測定との相関によって定まることになり，だいたい認識における知覚という行為は多くの場合，顕微鏡や望遠鏡などの観測機器を媒介して行われるため，方法論的な干渉を受ける．

このように見てくると，科学の不定性は，科学という営為に内因的ないし外因的に設けられた限界や制約を前にして，その制限において活動をすることに伴って生じ現れるものであるといえる．特に認識で現れる系，あるいは，その系と社会との相互作用における不定性は「基盤の不定性」でもあり，研究者が確実性と不定性が不可分であることを強く意識することが科学の規律と自由との緊張あるバランスを回復するともいえる[63)]．そして，科学万能主義によるバラ色の未来観が幻想であることが示されてきた1970年代から言われているとおり，それが科学者の責任であり役割なのである[64)]．したがって不定性の類型化そのものが不定性を排除できないのは皮肉ではなく，科学者に訴求し続ける絶え間ない挑戦として見るべきであろう．

謝辞

本研究の一部は科研費基盤A(25242020)「科学の多様な不定性と意思決定：当事者性から考えるトランスサイエンス」(研究代表者：本堂毅)における議論に負っている．また，原稿に対し，担当編集委員である綾部広則，寿楽浩太，本堂毅の各氏，および，科学哲学，物理学，地震学を専門とする研究者からそれぞれ有益なコメントを頂いた．ここに謝意を表したい．

■注

1）理科の教科書検定をめぐっては小林(2007, 277–9)，科学者証人尋問をめぐっては本堂(2010)を参照．理科の教科書は「科学研究がさらに進まなければ，明らかにできないこともあるのだ」と修正され検定を通過したが，小林傳司はこれでいいのかと疑問を呈する．小林悦夫はこれに反論するが，この不定性は後述するように「未知性」に分類され，多様な不定性の一種にすぎない．

2）影浦(2012)．

3）ナイトは行動主体の行動結果がまったく曖昧にしか予想されない場合を不確実性，行動結果について確率計算が可能なものをリスクと呼んで区別した(ナイト 1959；高籔・新井 2013；酒井 2012)．また，ケインズの不確実性は，現在から予測すべき将来時点までの間にリスクの大きさを特定するための方程式体系が予測不可能な変化を遂げる場合の不確実性である(西垣 2000)．

4）たとえば坂(2003；2004；2008)など．

5）Thunnissen (2005).

6）Kinzig et al. (2003).

7）Renn (2003)；Wynne (1992; 2001)．ファントウィッツ＝ラベッツ(Silvio O. Funtowicz and Jerome R. Ravetz)，ウィン(Brian Wynne)，スターリング，国際リスクガバナンス機構(IRGC)などのリスク研究における不定性の分類についてのレビューは山口(2011)に詳しい．リスク論の分野はそれが意思決定に連結されているがゆえに，また，価値判断を伴うがゆえに，科学としての不定性領域と社会としての不定性領域が限りなく曖昧にされる．たとえば山口の「曖昧性」は「解釈や慣習による個人間の不一致」をも含むとされ，その意味で「個別的不確実性」と重なり合う．論文では不確実性概念の構造化の難しさを挙げているが，異なる見地に属する審級の重複や，先行研究における語用の違いを精査して独自の定義を試みているとは言いがたく，分類の軸が判然としない．

8）Stirling (1998; 2007; 2010; 2012)；吉澤・中島・本堂(2012)．スターリングはファーバーの類型化に影響を受けている．1992年，ドイツの経済物理学者ファーバー(Malte Faber)らは哲学や科学における「無知」の問題を取り上げ，リスク，不確実性，無知を区別した(Faber, Manstetten and Proops 1992)．このファーバーの類型化は，驚きについての分類が十分でないことが指摘されているほか(Myers 1995)，そもそも「驚き」や「無知」は多分に対象を認識する人の観点からの類型化であって，社会科学から見れば分析的な明晰性がなく(Gross 2007)，自然科学から見れば対象に寄り添っておらずに混乱を招きやすい．

9）バスカー(2006；2009)．

10）ただし最近の批判的実在論においては，存在論と認識論，方法論の不可分性や相互依存性が議論されており，この審級化自体の存在論的妥当性も挑戦を受けている(Kaidesoja 2009; Wilber 2012)．

11）高橋(2008)；スタイン(2011)．

12）山口(2011)はこれを「変動性」と呼び，「問題となる事象に内在する特性に由来する不確実性」と説明している．

13）小澤(2012)；古田(2012)．また，量子力学には「シュレディンガーの猫」の思考実験で知られる状態の不定性の問題もある．密閉した箱の中に猫と毒の小瓶を入れ，50％の確率で起こる量子的事象によって小瓶は割れ，猫は死ぬ．標準的な解釈では，観測者が箱の中を覗く前，系を記述する波動関数は生と死の重ね合わせになっており，猫自身も同様とされる．観測によって，猫の状態は生か死のどちらかに収縮する．これに対し，最近の量子ベイズ主義による解釈では，波動関数は観測者の心の状態を記述しているにすぎず，猫は生きているか死んでいるかのいずれかであるとされる(フォン・ベイヤー 2013)．ただし，小澤の測定理論は，そうした外部の観測者とは関係なく，猫の生死を示すメーターがどんな確率でどこに振れるか，また測定後の猫の状態がどうなっているかをすべて量子力学の枠組みの中で語れることを示した．

14）フランセーン(2011，23–32)．

15）フランセーン(2011，48)．

16）不完全性定理は1960年代から，コルモゴロフ複雑性として知られる概念に関する理論と不完全性を関連づける形で発展している．この発展は特にチャイティン(Gregory Chaitin)の業績と結びついており，チャイティンの定数Ωは，数学にさらに大きな不完全性が存在することを明らかにした(チャイティン 2010)．

17）要するに，「単記投票方式」，「上位二者決選投票方式」，「勝ち抜き決選投票方式」，「順位評点方式」，「総当たり投票方式」のいずれにしても，完全に民主的な投票方法はないということである．パウロス(John A. Paulos)はすべての候補者がこれらの投票方式に応じて当選を主張できるように構成された「全員当選モデル」を考案した．

18）Brams and Fishburn (1978).「認定投票」では，各投票者は好きな人数の候補者に投票できるが，候補者一人あたり最大一票しか投票できない．すなわち，各候補者に対して是認か否認を表明するのと同じである．日本では「二分型投票」とも呼ばれる．
19）アローの不可能性定理については，スタイン(2011)；高橋(2008)など．アローの定理に対しては条件1と条件3が現実的に厳しいという批判もある(Inada 1955；大谷 1993)．
20）ゴロビッツ(Samuel Gorovitz)とマッキンタイアー(Alasdair MacIntyre)による医学における「本質的過誤可能性」に相当する．これは医学の研究が正確な予言を可能にする段階にまで達していないというものである(中川 1996, 30–1)．ただしここでの「過誤」は，ある一定の医療水準に基づかない医療行為の結果生じた被害を問題にする「医療過誤」の概念とはまったく異なることに注意する必要がある．
21）理論的用語の将来の使用は過去の使用によって完全に定められたものではない．理論的用語のいくつかは現在は多義的ではないが，将来多義的になるおそれがあるということである．1995年にAcacia brownianaは分類学的修正によってAcacia browniana, A. grisea, A. lateriticola, A. luteola, A. newbeyi, A. subracemosaに再分類された．1995年以前，分類学者はAcacia brownianaという用語が曖昧であるということも知らず，曖昧さをなくすための分類学的機構も科学的語彙も持っていなかった(Regan, Colyvan and Burgman 2002)．
22）複雑性は，構成要素の数や複雑さ，外部との物質やエネルギーとのやり取り(開放系)，摩擦や拡散による系内部でのエネルギーや物質の散逸(散逸系)，熱平衡にない状態にある(非平衡系)，カオスのような非線形系，フィードバックなどを原因として発生する(生井澤 2007)．
23）キャスティ(1996)．
24）分子の観測を通してエントロピーが増大するため悪魔は存在しえないと考えられてきたが，ベネット(Charles H. Bennett)は観測に仕事が必要ないことを示した．後にベネットとランダウアー(Rolf Landauer)は，分子1個の情報を消去してエントロピーを減らすために仕事が必要であることを示し，マクスウェルの悪魔は熱力学第二法則と整合することを確認するとともに，情報とエネルギーの概念の結びつきを明らかにしたとされる(鳥谷部・宗行 2012)．
25）下位の階層から見ると個々の物質や現象は確定しない不確実な状態に置かれているが，上位の階層において巨視的現象あるいは系そのものの統計的法則として，たとえば「グーテンベルク＝リヒターの法則」がある．地震の発生数はマグニチュードが一つ小さくなると十倍になり，二つ小さくなると約百倍になる．これは，個々の地震という現象は複雑系であり，周期性も法則性も見出せないが，系そのものに統計的法則が成立している事例である．
26）長坂(1960)．
27）Regan, Colyvan and Burgman (2002).
28）これはソライティーズ・パラドックス(連鎖式のパラドックス)として古代ギリシャの哲学者エウブリデスに発するとされている．ソライティーズ・パラドックスについての哲学的議論については，一ノ瀬(2011)を参照．
29）マクニール・フライバーガー(1995)．ファジィ理論ではシステム的な内包性の追及を重視し，明確にしていながら，外延性的な認識を比較的おろそかにしているかに見える．たとえばファジィ理論ではメンバーシップ関数の導入により，「砂山らしさ」を変数化し，砂山と砂山でないものの曖昧な境界線を引く．しかし，砂山らしさはその外延的な概念について，それほど深く追求していない．一方，灰色理論ではシステム的な外延認識を最優先に重視しており，場合によって外延的にも内包的にも不明確な問題について扱えることが大きな特徴である．すなわち「砂山らしさ」の変数自体が状況や認識主体によって異なるということを含めて考えられる．ここで，情報が完全にわかっているものを白色，完全にわからないものを黒色としたときに，その間にある曖昧な状態を「灰色」と呼ぶ(Deng (1982)；永井・山口 2004)．
30）Pawlak (1982).
31）これは光などで到達できる領域の境界を表す「事象の地平線(event horizon)」として知られており，われわれは地平線の外側の情報を知ることができない．
32）宇宙論ではこの考え方を「人間原理」と呼ぶが，生物学においても同様の概念がある．環世界

(umwelt)は知覚された世界，個々の種に特有の感覚や認識能力によって捉えられた世界であり，それが民俗分類において分類・命名される属の数が往々にして600以下になる理由でもある．科学としての生物体系学がヒトの有するこの環世界センスを否定した結果，魚類は実在する分類群ではなくなってしまう．これは科学におけるヒトの存在意義，あるいはヒトの持つ生得的な認知特性にしたがう科学の限界を浮かび上がらせる(ヨーン 2013)．

33）リース(2001)．リースの定数は，強い相互作用の核力 ε，原子を結合する電磁気力の強さを原子間に働く重力の強さで割った数N，宇宙で重力エネルギーが膨張エネルギーに対してどれだけ大きいかを示す数Ω，宇宙の反重力の強さを示す λ，宇宙の銀河や銀河団の静止質量エネルギーと重力エネルギーの比率を示す数Q，宇宙の空間次元数D.

34）日本第四紀学会HPなど.

35）たとえば，ラカトシュ(Imre Lakatos)，ラウダン(Larry Laudan)，サガート(Paul R. Thagard)といった名前が挙げられている(森田 2008)．

36）『医学における愚行と誤謬』を著したカラブネック(Petr Skarabanek)とマコーミック(James McCormick)によれば，学問は権威による誤謬，みんながそういう誤謬(不特定多数の言うことを人は信じる)，ベルマンの誤謬(繰り返し言うと人は信じる)などの影響を受けるという．それが誤謬であると認められるかどうか，科学は非決定な状態に置かれうる(中川 1996, 41–5)．

37）20世紀半ばにプレートがその表面に露出する大陸を伴って動くとするプレートテクトニクス理論が発展するにつれて，評価を受けるようになった(ゴオー 1997)．

38）中川(1996, 87–8)．

39）たとえば，ザイマン＝ブンゲ(John Ziman and Mario Bunge)による科学と疑似科学の判定基準(人間・知識・社会・誠意・理論・学会・権威・実験・論争・出版)など(高橋 2010)．

40）放射線検査などにおいては，十分な精度で存在量を確認できる「定量限界」を測定機器の測定誤差の10倍，存在の有無が確認できる「検出限界」を3倍とすることが一般的である．この検出限界や定量限界を小さくするためには，装置周囲にある放射線の遮蔽を工夫する，エネルギー分解能の高い検出器を使う，測定時間を長くする，といった方法が考えられる．

41）McLeish and Nightingale (2007).

42）天気，病気，景気という科学的予想の三分野における現実との誤差は，初期条件によるものよりも，多くはモデルが原因であると主張されている(オレル 2010)．

43）与えられた制約条件(最節約性)のもとで，点と点とを結ぶ最節約グラフを求めることはスタイナー問題として知られ，点の数が増えたときに天文学的な計算時間が必要であり，最適解を求めるための有効なアルゴリズムが開発できるかどうかもNP困難な問題とされている(三中 2006, 199–200)．

44）あるいは計算可能性に関する問題として，ゲーム理論における決定不能性も知られている(中山 2000)．

45）平田(2008)．作為性の項も参照のこと．

46）ゴロビッツとマッキンタイアーによる医学における「必然的過誤可能性」に相当する．すなわち，知識は十分であり，また注意してそれを適用したとしても，患者は一人ひとり違う(中川 1996, 30–1)．

47）コーン(1990, 65–76)．ゴロビッツとマッキンタイアーによる「偶然的過誤可能性」に相当すると考えられる．すなわち，知識は既に存在するのに意識的あるいは無意識的怠慢によってそれを採用しなかったために起こる(中川 1996, 30–1)．

48）Franklin (1997).

49）プラセボと呼ばれる偽薬を用いた場合と対照して薬の有効性を検証する方法がある．これを敷衍して，人間に介入する医科学や心理学実験においては二重盲検法が用いられることがある．すなわち，ある介入がどの試験に相当するか，研究者も対象者もあらかじめわからないようにして，実験の作為性や期待による主観的効果を避ける狙いを持たせている．二重盲検を用いた無作為比較対照試験(RCT)は医療評価の分野で広く用いられているが，どれだけ他の事例に応用できるかという外部妥当性に限界があるとも批判され，研究者や研究計画自体に内在する作為を十分に避けられないとも指摘される(Rothwell 2005)．このようなやり方に対し，統合医療に向けて補完代替医療(CAM)を適切に評価できる科学や方法も模索されている(藤守 2011).

50) Klayman and Ha (1987);服部(2008). 厳密でない推論の概念としてアブダクションやレトロダクションが知られている. 米盛(2007);Danermark et al. (1997) など.

51) 対象と系の違いはわかりにくいかもしれないが, 科学的探究の三つの段階に置き換えると, 系は仮説形成(アブダクション), 対象は仮説検証(演繹→帰納)という異なる段階で探究されると考えられる(米盛 2007). 認識論や方法論においては, 人間の知覚に関する限界(不可知性)や, 対象の境界線の引き方(非普遍性)が仮説形成に影響し, それに基づいた仮説検証によって対象が同定されるため, 観察・実験対象の作為的選択がなされうる(作為性). これらは仮説検証過程で現れる対象の摂動(不確実性)や指示(不可測性), 個体差(固有性)とは異なる種類の不定性である.

52) ただし, 観察や観測を重ねて証拠を集めることで理論が確証されるかどうかについては, 確率や統計の考え方によっても異なる(ソーバー 2012).

53) 非局所長距離相関を実証するホイーラー(John A. Wheeler)の遅延選択実験は, 二重スリット実験で光子の粒子性か波動性のどちらを測定するかを, スリットを通りすぎたずっと後に決めるというものである. つまり測定が時間的に遡及因果して過去の光子の振る舞いを決定しているように見えることになる. これは1986年に実験が成功し, 測定が現象を決めることが明らかとなった. さらにクェーサーという天体からの光を地球で観測するにあたり, 銀河による重力レンズによって軌道が歪められた光子は2つの経路を取ることが可能で, この経路に対して遅延選択実験をすることもできる. この場合, 観測をするまで, 光子の振る舞いは十億年という長きにわたって不定の状態に置かれるということになる. 榛葉(2007)は, ハンフリーズのパラドックスやニューカムのパラドックスもほとんど同型の遡及因果にからんだ意思決定の問題として論じている.

54) 本論の15類型のうち, 微視的物理学と形式科学に関わる不確定性と不完全性の事例は地震学の領域にほとんど登場しないため, 以下では挙げていない.

55) 藤井(1967, 206).

56) 小山(1999).

57) 藤井(1980).

58) 金(2007, 82-4).

59) 松沢(1954).

60) 松田(2008).

61) 常田・片岡(2012).

62) 松田(1995, 82-3);常田・片岡(2012, 8-9).

63) 辻下(2001).

64) 磯野(1974).

■文献

坂恒夫 2003:「人間における確実性と不確実性」『岐阜薬科大学基礎教育系紀要』15, 1-16.

坂恒夫 2004:「社会科学と自然科学の不確実性」『岐阜薬科大学基礎教育系紀要』16, 1-13.

坂恒夫 2008:「物質科学, 生物科学, 社会科学における不確実性」『岐阜薬科大学紀要』57, 21-31.

ロイ・バスカー 2006:式部信訳『自然主義の可能性:現代社会科学批判』晃洋書房;Bhaskar, R. *The Possibilities of Naturalism*, 3rd ed., Routledge, 1998.

ロイ・バスカー 2009:式部信訳『科学と実在論:超越論的実在論と経験主義批判』法政大学出版局;Bhaskar, R. *A Realist Theory of Science*, 2nd ed., Verso, 1997.

Brams, S. J. and Fishburn, P. C. 1978: "Approval Voting," *American Political Science Review* 72(3), 831-47.

ジョン・L・キャスティ 1996:佐々木光俊訳『複雑性とパラドックス:なぜ世界は予測できないのか?』白揚社;Casti, J. L. *Complexification: Explaining a Paradoxical World Through the Science of Surprise*, Haper Collins Publishers, 1994.

G・チャイティン 2010：黒川利明訳「ゲーデルを超えて：オメガ数が示す数学の限界」『数学は楽しいpart2（別冊日経サイエンス172）』96–105；Chaitin, G. 2006: "The Limits of Reason," *Scientific American* 294(3), 74–81.
Danermark, B., Ekström, M., Jakobsen, L. and Karlsson, J. Ch. 1997: *Explaining Society: Critical Realism in the Social Sciences*, Routledge.
Deng, J-L. 1982: "Control Problems of Grey Systems," *Systems & Control Letters* 1(5), 288–94.
Faber, M., Manstetten, R. and Proops, J. L. R. 1992: "Humankind and the Environment: An Anatomy of Surprise and Ignorance," *Environmental Values* 1(3), 217–42.
藤井陽一郎 1967：『日本の地震学』紀伊国屋書店.
藤井陽一郎 1980：「日本の地震学界の百年」『季刊　科学と思想』37, 163–7.
藤守創 2011：「統合医療の現状と課題：補完代替医療（CAM）の科学的な検証可能性について」『医療・生命と倫理・社会』10, 130–40.
Franklin, A. 1997. "Millikan's Oil-Drop Experiments," *The Chemical Educator* 2(1), 1–14.
T・フランセーン 2011：田中一之訳『ゲーデルの定理：利用と誤用の不完全ガイド』みすず書房；Franzén, T. *Gödel's Theorem: An Incomplete Guide to Its Use and Abuse*, A K Peters, 2005.
古田彩 2012：「不確定性原理の再出発」『日経サイエンス』42(4), 34–43.
G・ゴオー 1997：菅谷暁訳『地質学の歴史』みすず書房；Gohau, G. *Histoire de la Géologie*, Éditions La Découverte, 1987.
Gross, M. 2007: "The Unknown in Process: Dynamic Connections of Ignorance, Non-Knowledge and Related Concepts," *Current Sociology* 55(5), 742–59.
服部雅史 2008：「推論と判断の等確率性仮説：思考の対称性とその適応的意味」『Cognitive Studies』15(3), 408–27.
平田光司 2008：「トランスサイエンスとコミュニケーション」平田光司編著『科学におけるコミュニケーション 2007』総合研究大学院大学, 291–306.
本堂毅 2010：「法廷における科学：科学者証人がおかれる奇妙な現実」『科学』80(2), 154–9.
一ノ瀬正樹 2011：『確率と曖昧性の哲学』岩波書店.
Inada, K. 1955 : "Alternative Incompatible Conditions for a Social Welfare Function," *Econometrica: Journal of the Econometric Society* 23(4), 396–9.
磯野直秀 1974：「科学の限界と科学研究の立場」『技術と人間』17, 33–8.
影浦峡 2012：「『専門家』と『科学者』：科学的知見の限界を前に」『科学』82(1), 56–62.
Kaidesoja, T. 2009: "Studies on Ontological and Methodological Foundations of Critical Realism in the Social Sciences," *Jyväskylä Studies in Education, Psychology and Social Research* 376, University of Jyväskylä.
金凡性 2007：『明治・大正の日本の地震学：「ローカル・サイエンス」を超えて』東京大学出版会.
Kinzig, A., Starrett, D. et al. 2003: "Coping With Uncertainty: A Call for a New Science-Policy Forum," *Ambio* 32(5), 330–5.
小林傳司 2007：『トランス・サイエンスの時代：科学技術と社会をつなぐ』NTT出版.
アレクサンダー・コーン 1990：酒井シヅ, 三浦雅弘訳『科学の罠：過失と不正の科学史』工作舎；Kohn, A. *False Prophets: Fraud and Error in Science and Medicine*, Blackwell, 1986.
小山真人 1999：「地震学や火山学は，なぜ防災・減災に十分役立たないのか：低頻度大規模自然災害に対する"文化"を構築しよう」『科学』69(3), 256–64.
Klayman, J. and Ha, Y-W. 1987: "Confirmation, Disconfirmation, and Information in Hypothesis Testing, *Psychological Review* 94(2), 211–28.
生井澤寛 2007：「複雑さは何から生まれるか」生井澤寛編『複雑システム科学』放送大学教育振興会, 11–25.
ナイト, F. H. 1959：奥隅栄喜訳『危険・不確実性および利潤』文雅堂銀行研究社；Knight, F. H. *Risk, Uncertainty and Profit*, New York: Sentry Press, 1921.

松田時彦 1995：『活断層』岩波書店.
松田時彦 2008：「活断層研究の歴史と課題」『活断層研究』28, 15–22.
松沢武雄 1954：「日本の地震学のあゆみ」『地学雑誌』63(3), 23–28.
McLeish, C. and Nightingale, P. 2007: “Biosecurity, Bioterrorism and the Governance of Science: The Increasing Convergence of Science and Security Policy,” *Research Policy* 36(10), 1635–54.
D・マクニール, P・フライバーガー 1995：田中啓子訳『ファジィ・ロジック：パラダイム革新のドラマ』新曜社；McNeill, D. and Freiberger, P. *Fuzzy Logic*, Simon and Schuster, 1993.
三中信宏 2006：『系統樹思考の世界：すべてはツリーとともに』講談社.
森田邦久 2008：『科学とはなにか：科学的説明の分析から探る科学の本質』晃洋書房.
Myers, N. 1995: “Environmental Unknowns,” *Science* 269, 358–60.
永井正武, 山口大輔 2004：『理工系学生と技術者のためのわかる灰色理論と工学的応用方法』共立出版.
長坂源一郎 1960：「科学概念の曖昧性と階層について」『アカデミア』26, 19–33.
中川米造 1996：『医学の不確実性』日本評論社.
中山幹夫 2000：「ゲームにおける決定不能性とランダムネス」日本オペレーションズ・リサーチ学会『シンポジウム』43, 23–31.
西垣鳴人 2000：「ケインズ的不確実性の全体像」『岡山大学経済学会雑誌』31(4), 347–70.
D・オレル 2010：大田直子, 鍛原多惠子, 熊谷玲美, 松井信彦訳『明日をどこまで計算できるか？「予測する科学」の歴史と可能性』早川書房；Orrell, D. *Apollo's Arrow: The Science of Prediction and the Future of Everything*, Harper Collins, 2007.
大谷和 1993：「『アローの一般不可能性定理』批判の検討」奈良県立商科大学『研究季報』4(1), 55–9.
小澤正直 2012：「不確定性原理の発見」『数理科学』50(9), 23–9.
Pawlak, Z. 1982: “Rough Sets,” *International Journal of Computer and Information Sciences* 11(5), 341–56.
Regan, H. M., Colyvan, M. and Burgman, M. A. 2002: “A Taxonomy and Treatment of Uncertainty for Ecology and Conservation Biology,” *Ecological Applications* 12(2), 618–28.
マーティン・リース 2001：林一訳『宇宙を支配する6つの数』草思社；Reese, M. *Just Six Numbers*, Basic Books, 2000.
Renn, O. 2003: “Acrylamide: Lessons for Risk Management and Communication,” *Journal of Health Communication: International Perspectives* 8(5), 435–41.
Rothwell, P. M. 1995: “External Validity of Randomised Controlled Trials: ‘To Whom Do the Results of This Trial Apply?’” *Lancet* 365(9453), 82–93.
酒井泰弘 2012：「フランク・ナイトの経済思想：リスクと不確実性の概念を中心として」『彦根論叢』394, 38–57.
榛葉豊 2007：「遅延選択と確率的遡及因果：確率はどの段階で崩壊するのか」『静岡理工科大学紀要』15, 47–56.
ソーバー, E. 2012：松王政浩訳『科学と証拠：統計の哲学入門』名古屋大学出版会；Sober, E. *Evidence and Evolution: The Logic behind the Science*, Chapter 1 “Evidence,” Cambridge University Press, 2008.
スタイン, J. D. 2011：熊谷玲美・田沢恭子・松井信彦訳『不可能, 不確定, 不完全：「できない」を証明する数学の力』早川書房；Stein, J. D. *How Math Explains the World: A Guide to the Power of Numbers, from Car Repair to Modern Physics*, Smithsonian, 2008.
Stirling, A. 1998: “Risk At a Turning Point?” *Journal of Risk Research* 1(2), 97–109.
Stirling, A. 2007: “Risk, Precaution and Science: Towards a More Constructive Policy Debate,” *EMBO Reports* 8(4), 309–15.
Stirling, A. 2010: “Keep It Complex,” *Nature* 468, 1029–31.
Stirling, A. 2012: “Opening Up the Politics of Knowledge and Power in Bioscience,” *PLoS Biology* 10(1), e1001233.
高橋昌一郎 2008：『理性の限界：不可能性・不確定性・不完全性』講談社.

高橋昌一郎 2010：『知性の限界：不可測性・不確実性・不可知性』講談社.
高籔学，新井一成 2013：「『確率論』と『一般理論』におけるKeynes流「不確実性」観の類別：部分連続説の立場から」『東京学芸大学紀要 人文社会科学系II』64，193-205.
Thunnissen, D. P. 2005: *Propagating and Mitigating Uncertainty in the Design of Complex Multidisciplinary Systems*, Doctoral Thesis, California Institute of Technology.
常田賢一，片岡正次郎 2012：『活断層とどう向き合うか』理工図書.
鳥谷部祥一，宗行英朗 2012：「熱ゆらぎを利用する：情報熱機関の実現」『生物物理』52(3)，136-9.
辻下徹 2001：「数学と不定性：複雑系の数理・内部観測・生命」『現代思想』29(3)，56-64.
フォン・ベイヤー，H. C. 2013：「Qビズム：量子力学の新解釈」『日経サイエンス』43(7)，54-60.
Wilber, K. 2012: “Critical Realism Revisited,” MetaIntegral Foundation, *Resource Paper*, May 2013, 1-3.
Wynne, B. 1992: “Uncertainty and Environmental Learning: Reconceiving Science and Policy in the Preventive Paradigm,” *Global Environmental Change* 2(2): 111-27.
Wynne, B. 2001: “Managing and Communicating Scientific Uncertainty in Public Policy,” Background paper for Harvard University Conference on Biotechnology and Global Governance: Crisis and Opportunity.
山口治子 2011：「リスクアナリシスで止揚される『不確実性』概念の再整理」『日本リスク研究学会誌』21(2)，101-13.
米盛裕二 2007：『アブダクション：仮説と発見の論理』勁草書房.
キャロル・キサク・ヨーン 2013：三中信宏・野中香方子訳『自然を名づける：なぜ生物分類では直感と科学が衝突するのか』NTT出版；Yoon, C. K. *Naming Nature: The Clash Between Instinct and Science*, W. W. Norton & Co., 2009.
吉澤剛，中島貴子，本堂毅 2012：「科学技術の不定性と社会的意思決定：リスク・不確実性・多義性・無知」『科学』82(7)，788-95.

Typology of Incertitude in Science: Return from Risk Studies

YOSHIZAWA Go *

Abstract

There have been several attempts to establish a typology of uncertainty and ignorance in economic and environmental risk studies for the last hundred years. These are, however, mostly oriented to societal decision making, which hinders our understanding of whether such incertitude is intrinsic or extrinsic, blurring boundaries between science and society. By referring to the distinct domains of the real, the actual, and the empirical in critical realism and corresponding them to ontology, epistemology and methodology as foundations in philosophy of science, a novel typology forms a stratified structure of incertitude. This heuristic also breaks the actual domain into two strata on human sensory and meaning, and further divides each stratum by the scope of science – object, system, social interaction with the system, and general. It finally identifies fifteen types of incertitude in science and discusses their relevance by taking seismology as an example. Being well aware of the diversity and inevitability of such incertitude, scientists are expected to undertake their enterprise with scientific discipline and social responsibility.

Keywords: Uncertainty, Ignorance, Critical realism

Received: October 25, 2013; Accepted in final form: April 26, 2014
* Associate Professor; Graduate School of Medicine, Osaka University; go@eth.med.osaka-u.ac.jp

トランスサイエンスとしての先端巨大技術

平田　光司*

1. はじめに

原子力で長く指導的な役割を果たした核物理学者のA. ワインバーグ（1972）は「認識論的に言って事実に関する問いなので科学の言葉によって表現されるとはいえ，科学によって答えることはできないような問い」をトランスサイエンス的と呼ぶことにした上で，その典型の一つ（第3の例「トランスサイエンスとしての技術」）として先端巨大技術をあげている．

> 技術に不確定さはつきものだ．本物を作る前にフルスケールの試作品を作って，実際に起きるであろうすべての状況でテストするので無いかぎり，新しく，まだ試みられていない状況への外挿は常に起きる．作る装置が小さいものであれば，普通，フルスケールの試作品が作られる．しかし巨大なもの，たとえばアスワンハイダムや1,000MWのプルトニウム増殖炉，大きな橋などの場合，フルスケールの試作品を作ることなど問題外である．さらに，そのような装置が稼動するのは100年のスケールである．例え試作品が作られたとしても，それに弱点が無いことを確かめるまで実際の建設を待つということはナンセンスだ．先端巨大技術には原理的に科学が完全には答えられない不確定性という要素が存在する．この意味で技術はトランスサイエンス的，すくなくとも，トランスサイエンスの要素を持つ．

装置のスケールが大きくなれば，新たな問題が出てくることは幾多の例があることであり，小さな装置では問題にならなかったことも深刻な障害になり得る．それが深刻な障害かどうかは最終的には作ってみないと判らず，トランスサイエンス的な状況は避けられない．

小林（2007）はトランスサイエンスの概念を紹介した上で，その特徴が現れた典型例として「もんじゅ」裁判を分析した．この分析は現行の裁判のありかたが，トランスサイエンス的な問題を扱う上で必ずしも有効に機能していないことを示している．本稿の目的は，これとは相補的に，いわば科学技術の内側からトランスサイエンスを見直し，それとのつきあい方について提言することである．

2014年6月6日受付　2014年9月25日掲載決定
*総合研究大学院大学学融合推進センター，hirata@soken.ac.jp

「もんじゅ」をはじめ，社会的な関心の高い先端巨大技術ではさまざまなステークホルダーが技術に関して異議を唱える可能性が生じる.科学・技術的言明が政治的,経済的意見と分離し難くなる.このような問題に関する合理的な解決はあり得ず,「御用学者」による専門家的裁量が強権的に押しつけられるだけであるようにも見える．ワインバーグはそのような状況を「政治の共和国」と呼んだ．ワインバーグがトランスサイエンスの概念を提唱したのは，科学によって答えることのできない問題にも，科学的知性を注入する方策を模索していたからであろう．それを彼は「トランスサイエンスの共和国」と呼んだ.「トランスサイエンスの共和国」が成立するためには,政治的対立,価値観に関する対立を民主主義の枠内でどう解決するかという政治学的設問と，不定性という科学の特性，限界のあるなかで科学的知見をどう活かすかという科学論的設問に同時に答えなければならない．これは，ほとんど無理であるようにも見える．

ただ，この方向への第一歩として，非常に簡単化された状況でのトランスサイエンス的問題の処理に関して,実例に即して考えることは無益では無いと考える．できるだけ単純な問題をまず考え,それを基礎により複雑な問題に進むことは妥当な戦略であろう．本稿では一般社会からはかなり独立している先端巨大技術を取り上げるが，その典型として，日本が成功したプロジェクトである高エネルギー加速器研究機構(KEK)Bファクトリーの KEKB 加速器を取りあげる．高エネルギー加速器だからと言って一般社会から独立しているわけではなく，実際，米国の超伝導超大型衝突型加速器(SSC)の例では，巨大な予算の面から建設が政治的問題となったし，CERN の加速器 LHC ではブラックホール発生への危惧から差し止め訴訟が起こされた．KEKB 加速器の場合にはそのような問題は実質上無かった．一般社会からは切り離された「純粋」先端巨大技術であるという近似はかなり妥当なものであると考えられる．

しかし，本稿で見るように,「純粋」先端巨大技術においても社会性は現れる．ステークホルダーとしての科学者集団の社会である．つまり，本稿で扱うのは，ステークホルダーが限られしかもそれが専門家集団と一致している，という非常に単純な場合であることになる．

次章では，KEKB 加速器の設計であらわれたトランスサイエンス的な問題について分析する．特に KEKB 加速器の特徴の一つである有限交差角衝突について，その導入が研究者集団に受け入れられる過程を追いつつ，巨大科学装置におけるトランスサイエンス的側面について具体的に分析する．3 章では，2 章で得られた観察を敷衍して，巨大科学におけるトランスサイエンスの類型について考察する．最後の章，4 章ではまとめと今後の課題について論ずる．

2. KEKB 加速器と有限交差角衝突

2.1 KEKB 加速器

高エネルギー物理学は物質の根源的な存在形態を加速器を用いて実験的に探るものであるが,性能の一番高い加速器が成果を独占し，二番目では意味が無いという「装置科学」である［平田 1999］.

TRISTAN 計画の第 2 フェイズとして 1998 年に完成した日本の KEKB 加速器は数々の新しいアイデアをもりこんだ設計によって，ルミノシティー(単位時間あたりの素粒子反応の起こりやすさを示す量)が世界最大，競争していたスタンフォード線形加速器センター(SLAC)の同種の加速器 PEPII の約 1.5 倍という画期的なものとなった(2007 年初頭の比較で)．PEPII は，2008 年には早々と運転を停止してしまった.「二番目では意味が無い」ことを示している好例であろう．KEKB 加速器で得られた成果によって2008年に小林誠と益川敏英両氏へノーベル物理学賞が授賞されただけでなく，b-クォークに関する精密なデータを膨大に収集することができた(例えば［Brodzickal等2012］参照)．KEKB加速器のわかりやすい解説は例えば文献［総研大2002］を参照のこと．そこでも説明されているように，ルミノシティーを大きくするには，衝突するビームを急速に分離して短時間で次の衝突を可能にすることが必須の条件であり，正面衝突ではなく小さな角度をつけた衝突(有限交差角衝突)が有利であることは明らかであるが，過去にドイツの研究所DESYの加速器DORISがこれを採用して失敗した経験があり，有限交差角衝突は採用すべきで無いと思われていた．KEKBでは慎重な検討のもとに，あえて危険と思われていた有限交差角衝突を採用した．これがKEKB成功の要因の一つである．KEKB加速器の成功は身近な人々からも驚きを持って迎えられた［菅原2003］．

2.2　有限交差角衝突

有限交差角衝突がビーム粒子の共鳴現象(シンクロ＝ベータトロン共鳴，以後Sβ共鳴)を発生させることは加速器の初歩的知識があれば簡単に理解できる．この共鳴はビームを不安定にするが，加速器パラメータの微調整で克服できるはずのものである．しかしDORISの経験は，それでは逃れることが出来ない未知のメカニズムがあることを示唆していると思われていた．交差角が無い場合でもビームとビームの衝突現象(ビームビーム相互作用)は十分に理解されていないと考えられていたので，それを更に複雑にした交差角衝突で何が起こるかはわからない，という認識である．このため，明らかなメリットがあるにもかかわらず，有限交差角衝突は多くの加速器計画で検討はされても採用されることは無かった．KEKB加速器の場合には，ある程度の理論的な見通しもあって有限交差角衝突の採用に踏み切った．しかし，平田(2008)が主張するように，その理論の正しさが科学的に立証されたからでは無い．「それが正しい(と信じる)ことにする」という合意が形成されたからと言える．

佐藤(2009)によれば有限交差角衝突が導入された過程は，多少複雑なものである．KEKB設計以前の段階で，Oide・Yokoya(1989)によって交差角を実質的(力学的)にゼロにする蟹空胴(crab cavity)という装置が考えられ，これによってSβ共鳴は起きない(実質的に正面衝突となるから)ことが理論的に示唆されていた．KEKBを具体的に考え始めた時には，このことはすでに知られていたので「有限交差角衝突がもたらす深刻なSβ共鳴は蟹空胴によって回避できる」という考え方はかなり一般的であった．しかし，一方では，蟹空胴というものはまだ存在せず，意図したようにうまく作れるのか，また，それが別の新しい問題を発生させる可能性は無いのか，という疑問もあった. 大出力のマイクロ波空胴では予想外のモードが励起されてビームを不安定にする可能性もあり，本当に使えるかどうかを知るためには，実際に作って，使ってみなければならない.

蟹空胴作成の難しさと新たな問題出現の可能性をどの程度と評価するかが衝突点付近の設計戦略を分けたと言える．KEKでは当初，(1)ルミノシティは多少小さくとも確実性の高い正面衝突を用いるが，それに平行して蟹空胴の開発を進めて，将来は蟹空胴の導入によって高いルミノシティに進む，(2)蟹空胴の開発を行い最初から有限角度衝突を行なう，の二つの方針が考えられた．(1)では初期の段階(第一フェイズ)ではルミノシティは予定値の1/5で行なうとされたが，それでも従来の常識からは格段に大きな値である．なおSLACはむしろ(1')確実性の高い正面衝突を用いその範囲で最大のルミノシティーをねらう，という方式を採用した．(2)はCornell大学のデザインが採用していた．蟹空胴の開発を積極的に進める方針であり，衝突点付近の設計のしやすさから考えれば，圧倒的に優れていた．(1)の選択では，衝突点付近の設計がきわめて複雑になり，さらに加えて小さな永久磁石を開発して衝突点付近に置く必要性も指摘された．その技術ではSLACが優れていた．このような状況のもとで，蟹空胴を使わなくてもＳβの問題は避けられることが新しく開発されたプログラム［Hirata 1995］による計算機シミュレーションによって示されたこともあって，KEKBは(2')蟹空胴なしの有限交差角衝突で始めるが，蟹空胴があるほうがより大きなルミノシティが期待できるので蟹空胴の開発も進める，という戦略をとることになった．蟹空胴の開発が失敗しても，また蟹空胴が新たな問題を発生させても深刻な問題にはならない，という判断である．

この戦略は結果的に成功したとは言え，当時としては不確実性の高い選択であった．もしシミュレーションの予想に反して深刻なＳβ不安定性が発生すれば蟹空胴の完成まで実験は出来ない．さらに加えて蟹空胴が想定外の問題を発生させれば，計画全体として完全な失敗に終わる．にもかかわらず，(2')の選択を行なった背景にはさまざまな「社会的」な理由があったと考えられる．なによりも，より安全な(1)の方法を採用した場合，第一フェイズの段階ではSLACに負けることはほぼ確実であった．Ｂファクトリーの重要な目標はCP対称性の破れの検証であったが，それに必要なイベント数を先に獲得したほうが勝つ．この時点でSLACに遅れをとってしまえば，その後にルミノシティーがいくら大きくなってもその価値は低い．初期の段階でSLACに勝つ，すくなくとも負けないためには始めから高ルミノシティを狙うしかなかった．しかもSLACのPEPIIのほうが先に完成し動き始める見通しであった(実際KEKBより半年早く運転を開始した)．さらに(2')の方式では衝突点付近の設計が圧倒的に楽であり，永久磁石の開発などのKEKにあまり経験の無い不確定要因を避けられることも魅力であった．

2.3. 実験家集団の説得

加速器グループとしては蟹空胴なしの有限交差角衝突で始める，という戦略は一応の合意を見たが，もう一方のステークホルダー(クライアントというべきかもしれない)である実験家集団が納得していたわけでは無い．有限交差角衝突が「危険」であることは高エネルギー物理学の周辺では常識であったので，当然ながら危惧をいだく研究者は多かった．KEKB加速器が所期の性能に達さなければ測定器Belleは無意味になる．

実験家の危惧はさまざまな機会に表明されたが，例えば外部評価委員であった三田一郎氏の発言が典型的な例であろう．有限交差角衝突採用はシミュレーションによって確実性が確かめられた，というKEKB加速器側の説明に対して，三田は「では，そのシミュレーションはDORISの失敗が理解できるのか」という問いを発した［三田 2001］．

> ……その委員会でわたし(三田，引用者注)は聞いた．「有限角度衝突は本当に可能か？」．発表者は「コンピュータ・シミュレーションの結果から可能だと示された」と答えた．わたしは「ではコンピュータ・シミュレーションでDESYの失敗が理解できるか」と聞いた．「DESYの加速器のパラメータが解らないので調べようがない」とのことだった．「なぜ，飛行機に乗ってDESYに行き，彼らが使ったパラメータを調べてこないのか？」と聞き返した．この問題は翌年の夏KEKがDESYから専門家を招いて調べられた．DESYの加速器が建設されたころには，コンピュータパワーが足りず，加速器をどのように調整したらよいかが解らなかったらしい．

平田(2008)によれば，それまでにもシミュレーションは数多くあったが，有限交差角衝突の危険性をはっきりと示したものは無かった．これはむしろ，それらのコードの持つ欠点(依拠している仮定・近似が強すぎる)と認識されていた面がある．もし，新しいシミュレーションで有限交差角衝突に否定的な結論が出ていれば，むしろ(DORISの結果を再現できたものとして)そのシミュレーションコードの正しさを示す根拠となっていたであろう．DORISにおける失敗が本当に有限交差角衝突によるものであったのか，それ自体がよく判らないことである．1995年当時にもDORIS加速器は存在したが，大きく改造されてしまっており，昔の加速器の運転記録はあっても，本当に知りたい情報は得られない．加速器の状況を調べるために，モニター類は多数用意されているとは言え，当のモニターの信用性にも疑問があり，加速器の「真」の状態はわからない．まして昔の状況はほとんど不可知である．「行って確かめる」というようなものでは無い．これが小型の装置であればDORISと同じものを作って，不安定性の原因を徹底的に究明することも可能であろうが先端巨大装置では，それも事実上は実行不能である．

有限交差角衝突に対する疑いはコリンズ・ピンチ(1997, 63)が実験者の悪循環(experimenter's regress)と呼んだものに他ならない：正しい結果はシミュレーションが適格に行なわれた時にのみ得られるが，シミュレーションが適格かどうかは現象を「正しく」再現できたかどうかに依存する．シミュレーションには，かならず，何らかの近似が用いられるので，その近似が不十分である可能性は常に指摘，疑問視できる．シミュレーションで交差角が問題を生じないのは，本質的に重要な要因が省略されてしまっているからではないかという疑問は常に可能である．すなわち，「再現すべき」現象が明白だと思われていれば，シミュレーションによってその問題(この場合には交差角によって引き起こされる重大な不安定性)の存在を否定することは不可能である．

KEK加速器側の解釈に三田も納得した．しかし，これは問題のすり替えであって，三田は「では，KEKBでは加速器が適切に調整できることを示せ」と，質問を変えることもできたはずである．このような疑義は無限に可能であるが，「実験家集団も有限交差角を支持したかったのではないかと考えられる．なぜなら，有限交差角なしにはSLACに勝てないことは明白であり，勝てないなら加速器を建設しても仕方がないからである．先行していたSLACに勝つためには，有限交差角に賭けるしか無かったのであり，(三田氏の疑義は)実験家集団が(そして加速器集団も)自分たちを納得させるための，儀式であったとも言える」[平田 2008]．

2.4. 加速器専門家集団における議論

実験家を説得したことによって，有限交差角衝突が解決済みの問題になったわけでは無い．衝突方式の決定ではビーム力学の専門家が「担当者」であるが，他の多くの加速器の専門家(これを周辺的専門家と呼ぶことにする)からはかなり専門的な疑義が出され続け，その疑問に答えて行くことがKEKB加速器にとっては重要なプロセスであった．文献［KEK1995］にはそれらの検討結果が報告されている．

高エネルギー加速器は巨大なハイテク装置であり，これまでに無かったような高性能の加速器を作るためには，加速器のビーム力学，高周波空胴，磁石，ビームモニター，ビーム制御，真空，などのすべての部門でイノベーションが必要になる．これは加速器全体について言えることだが，各部門，各装置はビームを通して非線形に関係するので，部分の設計も常に加速器全体の設計の詳細に関わることになる．自分の部門だけきちんとできれば良い，というわけには行かない．

たとえば，有限交差角衝突を決めた段階のシミュレーションでは，ビームの中心付近の粒子のみが注目されていた．ルミノシティを決めるのは中心近傍にある大多数の粒子であるが，周辺部にハローが形成されると，ルミノシティにはほとんど影響しないが，ハローの粒子は失われやすくビームの寿命短縮や測定器への雑音となって，結果的には運転不能となる事態につながる可能性がある．有限交差角ではハローが形成されやすくなるのではないか，それがDESYの失敗の原因ではないか，という問いが出された．この問題の検討は「非常に低確率」の事象のシミュレーションのようなものであり非常に難しい．理論と測定の比較も難しく，きちんとした答えが出せないので，アカデミックな研究（査読付き論文）の対象としては敬遠されていたものである．しかし，何らかの検討は必要であり，当時提案されていたある種の近似的シミュレーションの方法を採用して，確定的とは言えないが肯定的な結果が出された．また，ビームとビームの衝突以外の非線形力は当初考慮されていなかったが，ビームが加速器を回る間には他にもさまざまな非線形力をうけ，これが衝突時のビームのふるまいにも影響する可能性がある．この問題に対して，加速器全体からうける非線形力を計算する計算コードとビームとビームの衝突を組み合わせた計算も，世界で始めて行なわれた．これも非常に長い計算時間を要し，十分な検討が出来るのかという疑問もあって査読論文のテーマにはなりにくかったものである．しかし，不十分ながらこれも行い，ビームとビームの衝突以外の非線形力の効果はほとんど無視できることがある種の近似のもとに示された．

これらの例で見られるように，周辺的専門家の疑義に答えるために行なわれた検討は，デザインレポートには報告されて専門家的業績としても評価されているが，査読誌には発表されていない．（ここで査読を問題にするのは，研究者集団の妥当性境界［藤垣 2010］の指標としてである．）当時の計算機能力では専門的，学術的な成果としては十分な信頼性が得られなかったからであろう．典型的にはシミュレーションを行なう回転数である．KEKB 加速器のビームは毎秒加速器を約 10 万回転する．量子的機構による緩和時間にあたるものは約 1 万回転にあたるので，シミュレーションも 10 万回転くらい行なえば十分と思われる．しかし，ハローの形成や加速器全体の非線形効果は遅い過程であって，これを十分にとらえるためにはシミュレーションは量子的緩和時間をはるかに越える回転数を必要とするであろう．当時の計算機では不可能に近いことであった．

実際，さらに，プログラムの検討という，それ自体では学問とは言えない作業も重要である．シミュレーションコードには，さまざまなモデル，仮定が使われているし，プログラム上の間違い（バグ）もあり得る．モデルの妥当性の検討やバグの洗い出し，訂正は常に行なわれなければならない．疑いは常に可能である以上，検討はこれで十分という地点は存在しない．このため，デザインの決定後，建設の途中，加速器の完成後にも，新たな疑問に答えるために，また，すでに得られた結論を補強するために，シミュレーションは継続された．計算機の性能が上がるに従って，より詳細，かつ微妙なシミュレーションが可能となる．それぞれの時点で十分とは言えないが可能なかぎりの検討は行なわれた，ということはできるだろう．

有限交差角衝突は，科学的に確実性が証明されたからでは無く，疑問が呈されていたにもかかわらず，ある種の社会的合意によって採用された．結局のところ，KEKB が完成して有限交差角があっても問題が生じなかったことによってしかこの疑問は決着しなかった．しかし，新たな疑問を無視せずに，できるだけ答える努力が常に続けられていたことは重要なポイントであろう．系統的懐疑［マートン 1961］をエートスとする科学者にとっては，たとえそれが自分の担当箇所ではないにしても，現行のデザインを批判（検討されていない課題の指摘など）することは，むしろ職業上の義務である．周辺的専門家はそれを行なうには最適な立場にいる．その批判に不完全ながらも答えることでデザインの信頼性は高まる．現行デザインへの疑義が支配的になれば計画の途中での大きな方針変更もあり得る．それは周辺的専門家を含む加速器研究者集団の社会的合意によるものであって，担当者としての中心的専門家が特権的に決定するものでは無い．

3. 科学の固い核

有限交差角の問題はトランスサイエンス的なものであった．トランスサイエンス的であった点としては以下のようなことがあげられる．

- 設計の依拠するビームビーム衝突のシミュレーション［Hirata 1995］の信頼性は査読誌に掲載されたとは言え，精度，回転数が十分かなどの点は自明では無い．
- 本質的に重要な要素がすべてシミュレーションに適切に取り入れられているかはわからない（実験者の悪循環を逃れられない）．
- また，それらの要素の効果を評価する実行可能な方法もわからない．

これらはすべてトランスサイエンス的な問題であるが，プロジェクトにおけるそれらの議論のされかたには違いがあった．シミュレーションが依拠する理論モデルの正しさ，プログラム化する上で導入される近似の妥当さなどについては専門的な議論の場もあり，理論的な研究としてはそれなりに確立したものであったと言える．精度を高める努力もなされていた．しかし，DESYの失敗を再現できないのであれば，なにか本質的な問題が取り入れられていない可能性があるのではないか，という疑問が実験家から提出された．その疑問がいちおう解け，設計の大枠が決定された後にも，取り入れるべき効果が次々に提案された．これらにも一応の検討が行なわれたが，これらは査読論文のレベルに達するレベルまでおこなうことはできなかった．（それが可能であれば，始めからそうしていただろう．）その意味では検討が十分とは言えないまま建設が進み，実際の衝突を見てはじめて疑問が最終的に解決したものだ．

トランスサイエンスと呼ばれる問題の中にも，さまざまな類型があることが予想される．KEKBの経験を整理する上で，トランスサイエンスの概念を精密化することは有益であろう．

3.1. トランスサイエンスの３つの類型

ワインバーグはトランスサイエンスの典型例として次の５つをあげている．KEKBの事例とも対照しつつ，順次検討したい．

■第１例：低レベル放射線被曝による生体効果

> 高い放射線レベルによる実験では，X線によって自発的突然変異率が倍になる放射線量は300mSvである．もしX線による遺伝的な影響が線形なら，1.5mSvの放射線量によってネズミ（マウス）の自発的突然変異率は0.5％増加すると考えられる．実際の実験でこの予想を95％の信頼度（Confidence level）で確かめるには80億匹のネズミを必要とする．60％なら195,000,000匹である．この数字は大きすぎて，実際上，この質問に科学的に答えるのは無理である．（放射線の線量の単位は現代的なものに改めた．）

必要な数だけのネズミをそろえることは現実的に無理であるから，この問いに科学が答えることはできない．KEKBの事例で言えば，１秒分では無く実際にビームが保持される１時間分程度の回転数までビームの安定性を調べるには3600倍の計算時間が必要となり，実行不能であるという状況に対応するだろう．プログラムで使用されている近似の妥当性などの専門的な疑問もここに分類される．物理学者にとって直感的に判りやすい表現では，これはエラーバーの大きな場合，ということになるだろう．

■第２例：非常に稀有なイベントの確率

例えば，原子炉の大災害とか，フーバーダムを決壊させるような大地震の起きる確率などはあいまいさをまぬがれない．原子炉の大事故に関する評価では各枝が何らかの要素の故障に対応しているもっともらしい事象系統樹を作る．それぞれの要素の信頼性は多くの場合知られている．しかし，この計算法はあきらかに疑わしい．まず，そのような計算から得られる確率は，たとえば10^{-7}/reactor/yearなどと非常に小さい．この確率は非常に小さいので，この故障率を実際に確かめる方法は無い．つまり，1000の原子炉を作って10，000年間運転し，その運転記録を調べなければならない．さらに，可能性のあるすべての故障が事象系統樹に取り入れられているという保証は無い．

ここでは悉皆性の問題が重要である．この例は第１例と似ているが，大事故に影響する要因が多様であり，その検討項目について悉皆性が保証されないところに不確定性の要因がある．「非常に稀有なイベントの確率」という見出しが誤解を招くが，第一の例とは質的に異なるものである．KEKBの場合で言えば，周辺粒子(ハロー)について検討しなくてよいのか，また，加速器全体の非線形性は無視してよいのか，という疑問は，この方向のものである．これらの要求は専門家からでは無く周辺的専門家から要求されたものだ．これらの影響を取り入れること自体はシミュレーションの拡張として原理的には可能である．それでもまだ，何らかの想定外の問題が残っている可能性は否定できない．

■第３例：トランスサイエンスとしての技術

技術，特に進歩の早いものでは，不完全なデータに依拠した決定が行われることが多い．技術者ははっきり決められた時間と予算の中で仕事している．彼は科学的厳密性に耐えられるだけ十分にすべての疑問についてチェックできるわけではない．実際，「技術的判断」にはそこで利用できるだけの科学的データのみによって良い決断にたどりつく能力も必要性も含まれている．技術者が前進するために，必要な科学的データが無く，プロジェクトは更なる科学研究を待たなければならない，という場合はよくある．彼は普通は，今あるデータのみを使って物事を進める．彼は「技術的決定」という知恵を道しるべとして用いる．

技術者は保守的(過剰設計)であることで彼の判断を実行する．どのくらい過剰にするかは予算による．データを更に求めるのは，過剰設計で無駄な費用をかけるのを避けたいという場合だ．

技術に「不確定さ」はつき物だ．(……以下，本稿冒頭の文章に続く)．

この例は第１の例と第２の例の複合であると考えられる．第２の例で，事象系統樹に入れるべき要素も，その信頼性も良くわからない場合である．KEKBの例でも，さまざまな可能性を指摘，検討することはできるとしても，計算時間がかかるようになって，すべてを取り入れて文献［Hirata 1995］と同程度の精度まで進めることはできない．そこでの「技術的判断」は，十分な根拠を欠いたまま行われるしかない．この判断を誰がどのように行うかが重要なポイントであろう．

■第4例：社会科学におけるトランスサイエンス的な問題

……物理学が決定論的なのは，すべての水素原子は同じだからだ．それに比べて社会学者は集団を問題にする．そのメンバーは多様だし意識もきまぐれだ．このため社会学の予測は物理学のそれよりも不可避的に頼りない．また予測ができるとしても，それは大きな集団の平均的ふるまいである．しかし，公共政策ではおうおうにして個人の行動予測を必要とする．例えば，キューバ危機の時，ケネディー大統領はフルシチョフ首相の行動を予測しなければならなかった．社会学の問題の多くはトランスサイエンスであり，人間の行動に関する分野では予言能力は自然科学のレベルには及ばない．

この例は社会科学に対するワインバーグの無理解を表しているものと思われる．好意的に解釈すれば，複雑系などの問題を先取りしていたとも言えるが，その観点からは第3の例に帰着すると見なすことができる．

■第5例：トランスサイエンスとして科学の価値論

科学的価値のプライオリティーの問題である．純粋対応用，一般理論と個別研究，通常科学対パラダイム突破型，オリジナルな研究と集大成など，研究の価値に関する発言は科学を超えている．これらの問題へのどんな答えも，その問い自体は科学の中のものであっても，科学を超越している．

この例はあきらかに認識論の問題から逸脱しており，ワインバーグの自己矛盾である．しかし，トランスサイエンス的な状況では，価値の問題が科学の議論に入ってくることを避けることができないことも明らかであり，トランスサイエンスと価値の問題についてはくわしく議論する必要があるだろう．

認識論の問題としてのトランスサイエンスについては第1から第3の例までを考えれば良いだろう．

3.2. 不確実性マトリックス

ワインバーグは文献［Weinberg 1985］では「トランスサイエンスとは確率がはっきりと判らない問題群だ」と明言し，トランスサイエンスの詳しい分類には興味が無いようである．しかし，ワインバーグの列挙したトランスサイエンスの事例がスターリング(2010)による不定性の分類と呼応していることは興味深い．

スターリングは知識の不定性に関して，有害事象の認識およびそれぞれの事象の確率の知識の程度によっておおまかに4つの類型に分けられるとする(表1参照)［吉澤等 2012］．この中で対処すべき事象が何であって，その発生確率がどのくらいかが判っている場合(リスク)がリスク解析の対象となるものであるが，スターリングはそのようなものは不定なのでなく，むしろ良く判っていると見なすべきであるとする．確かに，このような場合には確率論的な対処が可能であり，安全性を最大化するような計算も可能である．ここはむしろ教科書レベルの知識と見るべきだろう．

表1　不定性の4つの類型を示す不確実性マトリックス．行は発生事象の確率の知識であり，確率が(だいたい)判っている場合，判っていない(判らない)場合，に対応する．列は対応すべき(有害)事象が同定されているか否かに対応する．

確率v. s. 事象	事象が同定されている	事象が同定されていない
確率が判っている	(0)リスク(risk)	(2)多義性(ambiguity)
確率が判らない	(1)不確実性(uncertainty)	(3)無知(ignorance)

ワインバーグの第1の例が，ここで「不確実性」と呼ばれる領域と一致していることは明らかである．問題は特定されているが(ネズミの突然変異率)，その確率を十分な信頼度で確かめられない場合である．「多義性」と呼ばれている領域は，それぞれの事象の確率は(かなり)判っているが，どの事象を取り入れるのが適当であるかが同定されていない場合である．これはワインバーグの第2の例(悉皆性が不明な場合)と同様の事態である．「無知」はワインバーグの第3の例と同じであって，どのような事象が重要で，それぞれがどの程度の確率であるかも判らない，という場合にあたる．先端巨大技術は「無知」との戦いと言えるだろう．ワインバーグの第1から第3までの例を，それぞれ第1種，第2種，第3種のトランスサイエンスと呼ぶことにしたい．それぞれ不確実性マトリックスの(1)不確実性，(2)多義性，(3)無知，とおおまかに一致するものだ．

第1種のトランスサイエンスの例では，問題は科学によって信頼度95%で答えることができないのはその通りだが，例えばもう少し高い放射線レベルであれば，または低い信頼度で我慢するのであれば，「科学的」な言明をすることは可能である．信頼度95%以下では科学と言えないわけではまったく無い．また，この限界を新たな研究によって多少とも拡げることも可能である．それは査読誌の論文にふさわしいものとなるだろう．KEKBにおける有限交差角のシミュレーションでも，文献［Hirata 1995］はビーム力学分野では標準である線形光学系＋ビームビーム力というモデルの枠内で，従来より精度の高い，近似の少ない計算法を開発し当時の計算機の限界で実行したものである．これは査読誌の論文になり得るものだった．さらに大規模な計算を実行することによって計算の精度をあげることもある程度までは可能である．第1種のトランスサイエンスは問題となる事象の特定に関しては明確で，多様な現実の中から科学に都合が良いように切り取った自然を対象としている．これはむしろ科学研究の最先端から先の「まだ判っていない」部分と考えたほうが良いのではないだろうか．新たな技術，知見を入れることによって信頼度が低い問題の理解を高めていくことは，科学が通常行っている活動である．この種の問題に対しては周辺的専門家，非専門家，しろうとが発言することは難しい．

非専門家が関心を示すのは，むしろ第2種のトランスサイエンス，課題の多義性に関わるところであろう．問題の設定(同定)に関することとも言える．ワインバーグが例にあげた，X線によるネズミの自然的突然変異率の増加は専門家的な問題設定であるが，X線による生体効果は突然変異率の変化だけでは無い．X線による生体効果は何か，何を問題とすべきか，という問いは第2種に関わる問題であり，その中には，確率の議論が難しい第3種のトランスサイエンスも含まれるだろう．X線による生体効果の問題を突然変異率に限定することによって「科学的」な議論が可能となるが，それによって人々に取って重要な問題が捨象されてしまうことがあれば，科学と社会の乖離の要因となる．スターリングによる不定性の分類は，このような問題意識のもとで提案されたものである．第２種および第３種のトランスサイエンス（「多義性」および「無知」）の認識はもっとも重要なポイントで，これらをリスクあるいは第１種の問題と混同することは非常に危険である［吉澤等 2012］．何が問題とすべき事象であるかが明らかでないのに，良く定義されているフリをして確率の問題にすり替えるところがあぶない．このようなことはフレーミングの問題［平川 2005］と呼ばれることがらに多いだろう（GMOの問題を健康影響に限定してしまう．放射線被曝の問題をガンの発生に限定してしまう，などが実例である）．

第３種のトランスサイエンスに対してワインバーグは，そこでは技術的判断を行なうと指摘していた．典型的には予算の許す範囲で安全度を高める（安全率を大きくとる）ことが指摘されている．しかし，予算の範囲で安全度を高めることは，危険の要因が明確な第１種の場合にできることであって，予想外の問題が起きたときの対処法ということではこの技術的判断はあまり役に立たないだろう．第２種，第３種の場合には，できるだけ多様な可能性を考慮することが安全性を高める上で必要である．ここにも第２種，第３種をリスクや第１種の問題に還元してしまうことの問題点が見える．周辺的専門家の漠然とした疑問に対して，担当者が「まず問題点を明確に定義してから議論してください」と要求するのも，この混同を誘発する，むしろそこに誘導するものであろう．

ワインバーグ（1972）は，許容放射線量の議論はトランスサイエンスの領域にあり，科学的な決着をつけられないことが原子力開発の障害となっているとした上で，放射線放出量の少ない原子炉を開発できれば，許容量は問題にはならなくなると論じる．さらに，「放射線の許容量が議論されているのは遺伝的影響への懸念からであるが，もし，羊水検査と治療中絶によって，遺伝的異常のリスクを大きく減らすことができれば，低レベル放射線障害に対する姿勢も大きく変わる」とする．胎児に放射線障害が起きても，「治療」（治療的中絶によって問題を回避）できるならば，放射線量の問題は実際上の問題ではなくなるという主張である．文献［Weinberg 1985］でも，事故の確率が従来のものより少なくとも３ケタは低い原子炉の開発や，自然放射線と同程度の被曝は問題としないという原則の採用によって放射線の問題は回避できるとしている．

ワインバーグが，これらのグロテスクな「技術的解決」に導かれたのも，問題の多義性を捨象して確率の評価に還元してしまい，すべてをリスク，または第１種の不定性に還元してしまうという誤りによるものと考えられる．確率が小さすぎて評価できない問題を「技術的に」回避することは，第１種の問題には有効であり得るが，第２種，第３種の問題に対しては問題のすり替えにすぎない．せっかく，トランスサイエンスの多様性に気づいていながら，それを単に確率が判らない問題として一括してしまった所にワインバーグの限界があった．

3.3. 科学の共和国とポストノーマルサイエンス

不確実性マトリックスを媒介にすることによって，トランスサイエンスの概念が整理できた。

ワインバーグ（1972）は適切な教育を受けた専門家（つまり，学位のある研究者）だけが議論に参加でき一定の合意を得ることも可能な領域を指して（M. ポラニーにならって）「科学の共和国」と呼んだ．科学の共和国では科学的な議論によって，適切な（必ずしも正解では無いかもしれないが）合意が得られる，という含意があるように見える．これに対して「政治の共和国」では政治的見解や権力関係によって決定がくだされる．この両者の中間に「トランスサイエンスの共和国」があるとする．トランスサイエンスの共和国では，価値観や利害が科学の議論に侵入すること，一般市民，非専門家が議論に参入することもやむを得ないが，科学の共和国では科学者，専門家のみに発言権がある．

トランスサイエンスの問題に市民，非専門家が口を出すことは仕方がないことであり，また，それによってアメリカの原子炉はより安全なものになった，という「良い面」は認めつつも，TMIを経た後に書かれた文献［Weinberg 1985］では，低レベル放射線を問題視する運動を「魔女狩り」に例えるなど，市民の介入によって原子力が制限を受けることには強い反感があったことが伺える．ワインバーグはトランスサイエンスの存在を（必要悪として）認識，許容しつつも，科学には「固有の領土」があることを宣言し，そこには非専門家の介入を許さない．ワインバーグがトランスサイエンスを提唱した背景には，不定性への対処法を考えることと並んで，「科学の共和国」という聖地の存在を宣言したかったという動機もあったのではないかと推察される．

資格のある専門家だけが入国を許される「科学の共和国」の住人とはKEKBにおける有限交差角の場合で言えば，ビーム力学の専門家のことであろう．2.4 節で見たように，有限交差角衝突が可能であることは，理論としてはすでに論文［Hirata 1995］に示されており，ある意味では「確立」したものであった．加速器全体の非線形性の影響やハローの評価などは，論文とするほどの確実性を持った議論はできないことから，専門的な研究のテーマとしては避けられていたものである．周辺的専門家がその点に疑義を表明することは「素人だから仕方が無い」ものでもあった．しかし，KEKBの設計が関係者の賛成を得るためには，それらの「素人」的な問いにそれなりに答える必要があり，また，それがKEKB加速器の設計をより信頼できるものとしたのである．「素人」の疑問に答えるために原子炉が「安全」となった事情と良く似ている．

専門的な論文は多くの仮定を前提としている．それらはあまりにも当然なものとして意識されないものもふくめ，さまざまな命題の集合体ともいうべき複雑多岐にわたるものである．これらをすべて記述することは事実上無理であるし，何を前提とするかは専門家の間では共通の認識となっており，普通，専門的な論文には書かれない．むしろ，これらを知っていることが専門家の条件である．このような専門的知見によって第１種のトランスサイエンス部分の攻略が行なわれ，当時としては最善の回答を得たのが文献［Hirata 1995］であるとして，それに対して第２種的な問いかけを行なったのが三田などの実験家や加速器の周辺的専門家であった．それは第１種的な不確実性を問題にするのでは無く（もし，そうであれば，専門家にとっては比較的に対応の楽な問題である），そこでは捨象されている要素に関する疑義であった．

ラベッツ（2010）によれば，専門家によって決着がつくかどうかは，科学の内容によるのではなく，参加する人々の科学的，社会的，経済的関心などの面での「決定における賭け金（Stakes）」による．「賭け金」は比喩的な表現であって，社会的なリスクやベネフィットの大きさのことと解釈できる．専門誌に論文を出すことの賭け金は小さい（間違っていても，訂正すれば済む）．先端加速器を設計することの賭け金は大きい（成功すればノーベル賞につながるが，失敗すれば，場合によっては研究者集団が再起不能となる）．専門家が「科学の共和国」の独立を主張しても，賭け金が大きければ多様な関係者は国境を越えて侵入する．

つまりラベッツの観点からは「科学の共和国」は存在しない．「科学者が専横的に判断できる領域」はあるが，それは利害の関心が低いからであるにすぎない．ラベッツの図（図１左）はシステムの不確実性が小さい場合にも，「決定の賭け金」が大きいときにはポストノーマルサイエンスの領域になり得ることを示唆している．専門家のみが行うノーマルサイエンスに対して，非専門家も参加するのがポストノーマルサイエンスである．ラベッツの図にあわせてトランスサイエンスを表示すれば図１右のようになるであろう．つまりラベッツが賭け金ゼロ（Y＝0）としたところをワインバーグは議論していたことになる．ポストノーマルサイエンスの提唱は科学者にとっては直感的には受け容れ難いものかもしれないが，「絶対に正しい科学知識」が存在しない以上，専門家の「固有の領土」は存在せず，非専門家は原理的にはどこにでも介入できることは認めざるを得ない．

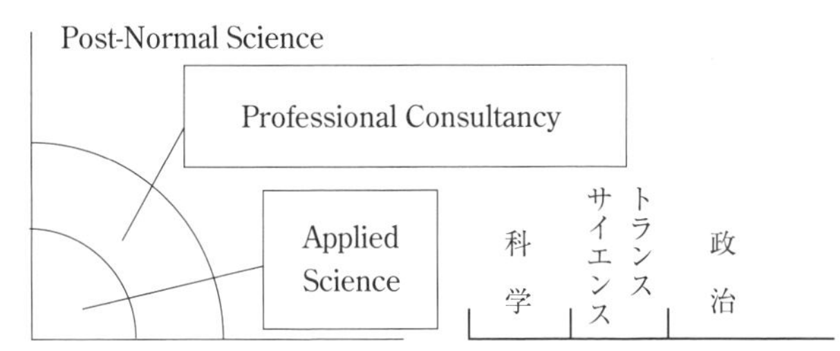

図１　(左)ラベッツによるポストノーマルサイエンスのイメージ([ラベッツ 2010] より)．(右)同じ座標系で描いたトランスサイエンス：縦軸(Y)はDecision Stakes「決定における賭け金」，横軸(X)はSystem Uncertainty「不確実性」である．

ラベッツもスターリングも，確率が十分に判らないという不確実性の座標軸とは異なる次元を提案している(多義性，賭け金)．ワインバーグの第５の例(価値の問題)は，トランスサイエンスに確率の不確実性とは別の次元を与えることのできる鍵となる概念であったが，ワインバーグはそこには注目しなかった．トランスサイエンスの問題では価値の次元も入ってくることが避けられないことはワインバーグも意識していたことであり，第５の例が現れたのもそのためと考えられるのに，残念なことである．

4. 考察：不定性への対処

4.1　関与者の拡大

以上，先端巨大技術における科学の不定性について考察してきた．

ワインバーグは，科学の問題の中に科学では答えられない領域，トランスサイエンス，を見いだした．それは重要な発見であった．しかし，同時に彼は科学の領域には科学者のみが発言を許される「科学の共和国」があることを主張し，科学の共和国へのしろうとの侵入を拒否した．多義性を新たな次元として認識せず，不確実性の一種ととらえ，不確実性の少ないところは科学者の「固有の領土」であるという認識だと言える．第１種のトランスサイエンスは不確実性があるとは言えかなり「科学の共和国」に近いものであり，その精密化が科学研究のほとんどの部分を占めている．しかし，それだけで先端巨大技術を遂行できるわけではない．有限交差角に関して，従来の問題を精密化して(その枠内では)問題が無いとした文献［Hirata 1995］は第１種のトランスサイエンス的な問題をその枠内でより精密化するものであった．そこでは多くのものが無視，簡単化されており，衝突点の設計担当者や実験家，その他の「周辺的専門家」からの疑義は，その枠組みと問題設定を疑問視するものであった．その疑問に答えることは，「純粋状態」に関する信頼度の高い専門家的な研究を，信頼度は下がるものの多くの要素を考慮に入れた現実の問題解決に向かわせるものであった．ここでは，周辺的専門家がラベッツの言う「拡大されたピア」としての機能を果たしたと言える．

専門家は第１種のトランスサイエンスから離れにくい．もちろん，天才的な研究者は，あえて多義性に挑み，科学の枠を拡げてきた．逆に専門分野における常識に囚われない優秀な非専門家が，あらたな視点を持ち込むことで画期的な発展が行なわれることもある．つまり，当該の問題については非専門家であっても，むしろ拡大されたピアとして専門家による定式化を疑い，また，たまには，専門家に代わってその問題を新たな視点から研究することによって，専門家が落ち入りやすい視野狭窄からプロジェクトを守り健全なものとすることができる可能性もある．周辺的専門家を拡大されたピアとして受け入れることによって，必ずしも正しい結論に導かれるわけではないが，最低限，想定外の問題を減らすことは可能である．周辺的専門家，拡大されたピアの受け容れによる関与者の拡大は，単なる選挙権の拡大では無く，課題設定権の拡大であることは言うまでも無い．

4.2. 先端技術における決定の「社会的合理性」

有限交差角衝突の導入は，結果的には正しかったが，たとえ，これが結果的に正しくなかったとしてもその決定にはある種の合理性があったと考えられる．それは後悔の最小化［小林 2012］に他ならない．次の言明は有限交差角の採用がKEKBのコミュニティー全体にとって後悔の最小化であったことを示している．

> これまで考えつく範囲の解析でcrossing angle（交差角，引用者注）衝突が不可能だという結果が出たことはなく，KEK加速器屋の考えが及ばない人智を越えた理由でだめな場合にはしょうがないので，（有限交差角衝突がうまくいかない場合には：引用者注）まだその技術的課題さえも十分には理解されていないが，crab cavity（蟹空胴，引用者注）に助けてもらおうという覚悟だったと思います［佐藤 2009］．

「だめな場合にはしょうがない」と言えるためには，理論の専門家だけでなく，多くの周辺的専門家，違う部門の専門家，クライアント側の専門家，などをふくむすべての関与者の熟議による合意（妥協）によって決定がなされたことが重要である．熟議のためには，必要な情報がすべて開示され，研究者の間で意見の合わない問題があれば，当事者同士が立場や専門によらずオープンに議論している必要がある．「先進国」で認められているとして，原理のわからないものをブラックボックスとして導入，利用することは，この観点からは「合理的」な決定と両立し難い．これらのことは要するに「自主，民主，公開」の原則に他ならない．（「民主」は必ずしも多数決を意味するものでは無いが，関係者全員の関与は意味する．）

専門のことは専門家にまかせる方式を専門家主義と呼ぼう．専門家主義は科学の不定性と両立しない．専門家は当該の問題について一番くわしいかもしれないが，それは問題を限定し，簡単化しているためであって，多様な現実の中でもその知識がそのまま使えるという保証は無い．むしろ逆に専門知識にとらわれて現実が見えないこともある．狭い範囲の専門家同士は，「すでに検討され，否定されている命題」などの「暗黙の前提」を共有していることが多く，独自の妥当性境界を持っている．これは論文を書く場合には役に立つが，現実のプロジェクトにとっては不必要に厳密であったり，かえって重要なところで「抜けている」こともある．周辺的専門家は，自分の専門に引き寄せることによって，専門家よりも広い視野でその問題を考えることができる．共通の利害を持つ質の高い「しろうと」が議論に参加し，技術的決定にもかかわることによって設計全体の質は確実に高まるだろう．共通の利害関心を持つ多様で幅広い専門家の集団による熟議を経た結論には，それが結果的には間違っている可能性はあるにせよ，それを採用するための合理性があり，トランスサイエンス的な問題の実践的な解決法として有効なものではないだろうか．

「しろうと」の批判はすでに決着のついた判断に対して，すでに検討済みの疑問を繰り返しているように見えることも十分にあり得る．そのような思いが次の発言になるのであろう：

> ……非常用ディーゼル2個の破断も考えましょう，こう考えましょうと言っていると，設計

ができなくなっちゃうんですよ．つまり何でもかんでも，これも可能性ちょっとある，これはちょっと可能性がある，そういうものを全部組み合わせていったら，ものなんて絶対造れません．だからどっかでは割り切るんです［班目 2007］．

潜在的被害者を含む関係者全体の合意によって「だめな場合にはしょうがない」という割り切りが起きるなら結構なことかもしれない．そうでなければ，この発言は「専門家にまかせなさい，しろうとは口だすな」ということにすぎない．専門家がその専門を越えて第2種，第3種のトランスサイエンス的な問いに，かってに回答して（踏み越えて）いるのである［尾内等 2011］．有限交差角に対して向けられた実験家や周辺的専門家の疑義に対して「専門家が大丈夫と言っているのですから，信用してください．そんなこと言ってると加速器なんて作れませんよ」と言うようなものであろう．

科学者はさまざまな立場から懐疑を表明する．マートン（1961）が指摘するように，これは計画に対する敵意，特定の科学者個人への敵意ととられることもある．しかし，これまで見たように，周辺的専門家からの批判，疑義は，科学，技術の発展の必需品でもあるだろう．この批判を許容し，それに答え続けることはプロジェクトの健全性にとって必須の条件である．専門家主義はこれとは反対方向を向いている．

当然のことながら，巨大科学の設計は，あとで変わることはあるかもしれないが各時点で一つの解を選択する．政治の共和国では「これは決定したことだ」，「これで良いことになっている」，という手続的正当性が重要である．しかし，このような政治的プロセスは，科学の不定性とはあい容れないものだ．ひとたび合意が形成された有限交差角衝突に対しても，何度も疑義が表明され，専門家集団はまがりなりにもそれに答えた．科学者集団における「自主，民主，公開」の原則のもとでの熟議によって，合意が形成され，この合意は新たな疑義に対して常に開かれている（つまり，合意は何度でも繰り替えされる），ということがKEKB加速器で見た科学者集団の社会的合理性であろう．

4.3. トランスサイエンスにおける専門家の役割

科学には不定性があることを前提に，その対処法について考えてみよう．

この不定性には第2種，第3種のトランスサイエンス的問題（未知の多義性，無知））があることを前提とすれば，各部門に配置された専門家による専門的判断をとりまとめただけでは脆弱な技術となることはあきらかである．有限な数の専門家による専門的判断を効率的に利用するためには，先端巨大技術における科学コミュニケーションのありかたが重要であり，それは以下のようなものだろう．

- 個々の専門家は慎重に行なった専門家的判断を全体に伝える（情報の共有）．
- 隣接分野の専門家（当該問題では非専門家）は「運命共同体」の一員として批判的検討を行い，専門家に伝える（双方向コミュニケーション）．
- 専門家的には十分とは言えないにしても，それらの批判に対して専門家はできるかぎりの検討を行ない（応答責任［藤垣 2010］），再び全体に伝える．
- これらをすべての関係者に対して公開で実行し，集団としての合意を形成する．
- 議論はいつでも再検討に対して開かれている．計画の全期間について，全部門の専門家が存在しており，再検討の場とそれを行なう能力が確保されている．予想外のことが起こりえることを前提としておく必要がある.

専門的知見と言っても仮定と限定の多いものであることを認識することは専門家として必須の条件であり，専門家にすべてをまかせないことが周辺的専門家の役割である．このように進められる計画は必ず成功するとは限らないにしても，そこには後悔の最小化というある種の社会的合理性があり，研究者集団の能力を最大化できるだろう.

アポロ計画を牽引したフォン・ブラウンが率いていたころのマーシャル宇宙飛行センターには「自動責任」に代表される技術文化があった［佐藤 2007］．それは，各技術部長は担当とは無関係に自分の専門がかかわるすべてのことに責任を負うというもので，これに加えて全員が計画全体の進行状況と問題点を把握し，技術的な決定も合意が得られるまで議論することになっていた．KEKBにおける決定方式もかなりこれに近いだろう．これは「専門のことは専門家にまかせる」こととは全く逆のものである.

逆説的ではあるが，専門外のことに異論をはさむことのできる研究者集団では，むしろ専門への尊敬と信頼があることが前提となっている可能性は高い．KEKB加速器の研究者集団はTRISTAN計画において成功をおさめており，各グループはその実力を互いに認めていたと考えられる．周辺的専門家が拡大されたピアの役割を果たせるためには，専門家の能力に対する信頼が無ければならないことは自明である．第１種のトランスサイエンスに関しては，可能な限りの知見は正当に得られているだろうという信頼が無ければ，そこで見過ごされているかもしれない多義性や無知に関する議論などは成立しないだろう．高木仁三郎(2000)が書いているような「議論なし，批判無し」で「お互いに相手の悪口を言わない仲良しグループ」によって行なわれる先端巨大技術が本当にあるならば，それは，トランスサイエンス的問題の存在と相い容れない.

本稿で議論したKEKB加速器の例は，先端巨大技術としてはもっとも単純な例であった．単純であったいくつかの点について，一般化する場合の問題点を見ておこう.

本稿の例ではステークホルダーと専門家が同一の集団であり，すべてが科学者であった．しかし，興味深いことにそこは「科学者の共和国」であったかもしれないが「科学の共和国」ではなく，「トランスサイエンスの共和国」であった．先端巨大技術の持つトランスサイエンス的側面の起原は科学の不定性であって，その技術の影響が及ぶ範囲が社会をまきこむことにあるのでは無い．（もちろん，社会の利害関心が高いことは，トランスサイエンス的側面が強調される可能性を高めるだろう．）広い社会との相互作用は（とりあえず）無視した上での，科学技術における不定性の探求は可能であり，多様なケースについて検討する必要がある作業であろう.

さらに，本稿の例では専門家はすべて物理学者（および物理学的工学者）であった．そこでは，細かい専門は異なるとは言え，共通の知識，教養，発想法があり，コミュニケーションは容易である．例えば物理学と医療など異分野がかかわる場合には，異分野コミュニケーションが必要となり，専門家集団における熟議自体が困難となり得る．科学コミュニケーションの問題としても異分野コミュニケーションは解決すべき課題も多いとは言え，科学と一般社会のコミュニケーションよりは単純なはずであり，先行して探求されるべき分野であろう.

本稿の例では関与者の範囲が明確であった．問題が社会に関係する場合，多くの例では関与者は無限に広がり，誰がステークホルダーであるか，誰が専門家であるかの線引きも難しくなる．熟議にも無限の時間を要するだろう．関与者の集合が限定されている場合には，熟議という方法が有効である場合も多いと期待できる．たとえば法廷における専門家証言などでは，ステークホルダーが指定する専門家同士の双方向コミュニケーションを制度的に行なう（コンカレント・エビデンス［社会技術開発センター 2012])ことによって大きな成果をあげている．

科学によって答えることのできない科学的な問いの存在を認識しつつ，専門家は，わずかでも科学的な信頼性を高めようと努力する必要があるだろう．この点で質が低ければ，どうにもならない．例えば，低線量被曝の問題はトランスサイエンスではあるが，出来る限りの評価を行なうことが必要であり有用でもある．専門家は専門的知識を越えて第2種，第3種の問題に発言する場合には，「踏み越え」を自覚している必要がある．更に，専門家は自分の分野の周辺についても検討し，周辺的専門家として意見を述べる責任がある．「しろうと」である周辺的専門家が専門的議論に介入することによって，議論の多様性をある程度まで確保できるだろう．(これは逆の「踏み越え」と呼べる．)これが科学的正解を得る方法だとは言えないが，判断の合理性を高めることはできるであろう．ワインバーグ(1972)も書いているように，「科学ができることはトランスサイエンスの領域に知性をできるだけ注入すること」である．

謝辞

本研究はJSPS科研費25242020(科学の多様な不定性と意思決定：当事者性から考えるトランスサイエンス)の助成を受けたものです．有益な議論に対して研究メンバーに感謝します．また，トランスサイエンスについて原塑博士(東北大)から有益な示唆を受けました．感謝します．

■文献

Brodzickal等 2012: J. Brodzickal et al. “Physics achievements from the Belle experiment” Progress of Theoretical and Experimental Physics 04D001

藤垣裕子 2010：「科学者の社会的責任の現代的課題」，『日本物理学会誌』vol.65(3), pp. 172–80.

平川秀幸 2005：「遺伝子組換え食品規制のリスクガバナンス」，藤垣裕子編『科学技術社会論の技法』p. 133.

Hirata K. 1995: “Analysis of Beam-Beam Interactions with a Large Crossing Angle”, *Physical Review Letters*, vol. 74, pp. 2228–31.

平田光司 1999：「大型装置純粋科学試論」，年報『科学・技術・社会』vol. 8, p. 51.

平田光司 2008：「トランスサイエンスとコミュニケーション」，平田光司編著『科学におけるコミュニケーション 2007』総合研究大学院大学 pp. 291–306.(総研大リポジトリーで閲読可能．)

KEK 1995: “KEKB B-Factory Design Report”, *KEK Report*, 95–7. KEKBのウエブサイト(http://www-acc.kek.jp/KEKB/)からダウンロード可能.

小林傳司 2007：『トランス・サイエンスの時代』NTT出版．

小林傳司 2012：「合理的失敗は可能か　後悔の最小化，ベストエフォート，受容」(独)科学技術振興機構/RISTEX研究開発プロジェクト「不確実な科学的状況での法的意思決定」科学グループ主催，公開シンポジウム「科学の不定性と社会～いま，法廷では…？～」2012年8月16日における講演．

コリンズ･ピンチ 1997：H.コリンズ，T. ピンチ(福岡伸一訳)『七つの科学事件ファイル：科学論争の顛末』化学同人.

班目春樹 2007：浜岡原子力発電所運転差止裁判における証言(第17回班目反対尋問224～228項)原子力資料情報室から原子力安全・保安院へ送ったファックスより(http://cnic.jp/modules/news/article.php?storyid=558).

マートン R.K. 1961: 15章「科学と社会秩序」，『社会理論と社会構造』みすず書房．

Oide・Yokoya 1989: K. Oide and K. Yokoya,“The Crab-Crossing Scheme for Storage-Ring Colliders” Phys. Rev. A40, p.315–23.

尾内等 2011：尾内隆之，本堂毅「御用学者が作られる理由」，『科学』2011年9月号，pp. 887–95.

ラベッツ, J. 2010: 御代川貴久夫(訳)『ラベッツ博士の科学論：科学神話の終焉とポスト・ノーマル・サイエンス』こぶし書房.
三田一郎 2001：「CP非保存と時間反転：失われた反世界」,『岩波講座　物理の世界　素粒子と時空2』岩波書店.
佐藤康太郎 2009：「衝突点周りの話題」加速器学会誌「加速器」vol. 6, No. 1, p. 86.
佐藤靖 2007：「NASAを築いた人と技術：巨大システム技術開発の技術文化」 東京大学出版会.
総研大 2002：総研大ジャーナル２号特集「世界最強の加速器KEKBの挑戦」総研大リポジトリー(http://ir.soken.ac.jp/)から閲読可能(030紀要類).
スターリング 2010：Andrew Stirling “Keep it complex”, Nature vol.468, pp. 1029–31.
菅原寛孝 2003：高岩義信，平田光司(編)「菅原寛孝氏インタビュー」インタビュー 2003年7月11日，インタビュアー 高岩義信，KEK-Archives-KEK10-1 (2010)(KEK史料室で閲読可能).
社会技術開発センター 2012：独立行政法人科学技術振興機構社会技術開発センター委託研究プロジェクト「不確実な科学的状況での法的意思決定」(著)「法と科学のハンドブック(ver. 20120816)」
高木仁三郎 2000：『原発事故はなぜくりかえすのか』岩波新書.
Weinberg A. 1972: “Science and Trans-Science”, Minerva, vol. 10, no. 2, pp. 209–22.
Weinberg A. 1985: “The Regulator's Dilemma”, Science and Technology vol. 2, no. 1, pp. 59–72.
吉澤等 2012：吉澤剛，中島貴子，本堂毅「科学技術の不定性と社会的意思決定：リスク・不確実性・多義性・無知」,『科学』2012年7月号，pp. 788–95.

The Huge and Advanced Engineering as Trans-science

HIRATA Kohji *

Abstract

The concept of trans-science by A. Weinberg is reexamined in connection with a huge and advanced science project, KEK B factory. Classification of the trans-science is introduced which implies the similarity with the uncertainty matrix approach of A. Stirling. The similarity is extended to the post normal science of J. Ravetz. Treatment of these uncertainties is a key issue for a successful huge engineering project.

Keywords: Trans-science, Uncertainty Matrix, Post-Normal Science, Huge Engineering,

Received: June 6, 2014; Accepted in final form: September 25, 2014
* SOKENDAI (the Graduate University for Advanced Studies)

ラクイラ地震裁判

災害科学の不定性と科学者の責任

纐纈　一起[*1]，大木　聖子[*2]

要　旨

社会が災害科学に期待することは将来の自然災害の防止や軽減であり，そのためには自然災害を予測する必要があるが，種々の制約により予測が困難な場合が多いので，災害科学の社会貢献は不定性が高くなる．それを念頭に置かずに「踏み越え」が行われると科学者が刑事責任まで問われることがあり，イタリアのラクイラ地震裁判はその最近の例であるので，資料収集や聞き取り調査，判決理由書の分析等を行い，そこでの災害科学の不定性と科学者の責任を検討した．その結果，裁判の対象となったラクイラ地震の人的被害は，災害科学の不定性を踏まえない市民保護庁副長官の安易な「安全宣言」が主な原因という結論を得た．また，この「安全宣言」のみを報じた報道機関にも重大な責任がある．副長官以外の被告にも会合での発言が災害科学のコミュニケーションとして不用意であるという問題点が存在したが，地震までに発言が住民に伝わることはなかったから，この問題点は道義的責任に留まる．

1. はじめに

ここでは災害科学を自然災害に関わる科学と定義する．自然災害は，たとえば広辞苑では「何らかの異常な自然現象によって引き起こされる人間の社会生活や人命に受ける被害」となっており，大別して地質災害（地震，津波，火山噴火などによる災害）と気象災害（台風，洪水，高潮などによる災害）がある．従って，社会から災害科学に期待されることは，将来の自然災害を防いだり（防災），少なくする（減災）ことであろう．そのためには自然災害を予測する必要があるが，地質災害ならその原因となる自然現象への経験やデータの不足，気象災害なら自然現象の物理的な複雑さなどから，現状では予測が困難である場合が多い．結果として，災害科学の社会貢献は不定性が高く，トランスサイエンス（Weinberg 1972）の範疇にあるということができる．

それを念頭に置かずに情報提供したり政策に関わると（「踏み越え」；尾内，本堂 2011），科学者が民事責任だけでなく刑事責任を問われることもある．そうした少数の例のうち国際的にもよく知

2013年12月24日受付　2014年6月4日掲載決定

*1 東京大学地震研究所教授，東京都文京区弥生1-1-1
*2 慶應義塾大学環境情報学部 准教授，神奈川県藤沢市遠藤5322

られた例が，2012年10月に第一審の判決が出たイタリアのラクイラ地震裁判である．我々は広範な資料の収集を行うとともに，科学者と告訴団に対して長時間の聞き取り調査を行い[1)]，それらに基づいてラクイラ地震前後の事実関係(以下，「事件」)と，裁判の問題点を明らかにしてきた(大木2012；纐纈，大木2013)．その後，本文781頁と前文等19頁，合計800頁に及ぶ判決理由書(Billi 2013)の分析[2)]を終えたので，ここでは事件と裁判の全貌を明らかにし，そこに現れる災害科学の不定性と科学者の責任に関して議論する．

2. 事件の背景

イタリアは，先進国の中では三大地震国(他の二国は日本と米国西海岸)に属し，地震による被害が多い国である．同国の地震の多くは脊梁山脈であるアペニン山脈に沿って発生しており，2009年4月6日に起きたマグニチュード(以下，*M*)6.3のラクイラ地震も同様であった(図1)．

イタリア政府の首相府に置かれた市民保護庁(Dipartimento della Protezione Civile; Dipartimentoを庁と訳すのは鈴木2012，199による)は，こうした地震による被害の防止や軽減をその任務のひとつとしている．また，同庁や自治体の市民保護サービスなど(両者を合わせて「市民保護全国サービス」と総称)への諮問と提議を行う機関として，大災害の予測と予防のための全国委員会(Commissione Nazionale per la Previsione e la Prevenzione dei Grandi Rischi；以下，大災害委員会)が1992年法律225号に基づいて設置されている(図2)．

この委員会名の和訳に関して，二点ほど迷うところがあり，それがひいては判決理由をわかりにくくしているのであらかじめ説明しておく．第一は“rischi”の和訳である．rischiは英語のriskであるから片仮名のリスクを使うというのが一番容易であるが，「リスク」とすると人により受け取り方はさまざまであるように見受けられる(たとえば竹村2012)．また，日本での報道では「災害」と訳されることがほとんどだったので，災害科学分野の象徴的なriskである「災害」を委員会名では用いることにした．二番目は“previsione”の和訳で，伊和中辞典(在里・他1999)によれば「予想，予測，予知」という三つの訳し方がある．地震の「予知」については「場所，大きさ，時期の3要素をある程度狭い範囲で地震の起こる前に指定すること」と定義されている(宇津2001，9)．これに対して，同委員会の設置法である1992年法律225号(同年2月24日，表1)の第3条2項では，previsioneが「災害現象の原因を調査したり決定すること，リスクを同定すること，リスクに関わる地域の同定を目的とした活動で構成されている」としているのみで，3要素の指定を明示的に要求していないので，ここでは「予測」という和訳を当てることとした．一方で，“prevedere”は「予知する」と訳すことにする．なお，鈴木(2012，201)は同委員会を「重大リスク予測・予防全国委員会」と訳している．

表1　1992年法律225号(同年2月24日)

第1条　市民保護全国サービス
1. 自然災害や大惨事及びその他の災害事態によってもたらされる被害やその危険性から，生命の安全や財産，居住，環境を保全するため，市民保護全国サービスを設立する*．
2. 首相，または1998年8月23日400号法の9条1，2項に基づき代理する市民保護調整担当大臣*は，市民保護全国サービスの目的を達成するため，国・州・県・市町村の中央及び周辺機関，国と地方の公共法人，国土に存在するその他の公私組織を奨励，調整する．
3. 2項で示された目的を遂行するため，首相または2項と同じ条項に基づいて代理する市民保護調整担当大臣は，1988年8月23日法律400号の21条に基づいて首相府に置かれた市民保護庁を利用する．

第２条　事象と専門領域の類型

1. 市民保護の目的のため，事象は次のように分けられる：

a）個々の機関や管理当局が通常の方法で措置を行って扱うことができる自然事象または人間活動に関わる現象.

b）その性質や広がりから，複数の機関や管理当局が通常の方法で協調活動を行う必要がある自然事象または人間活動に関わる現象.

c）その厳しさと広がりから，並はずれた権限や方法で立ち向かわなければならない自然災害，大惨事あるいはその他の事象.

第３条　市民保護の活動と務め

1. 市民保護活動とは，リスクのいろいろな事例を予測し防止することをめざすこと，影響を受けた人々を救出し，2条で挙げられている事象に関係する緊急性を克服するために向けられた他の活動のこと.

2. 予測は，災害現象の原因を調査したり決定すること，リスクを同定すること，リスクに関わる地域の同定を目的とした活動で構成されている.

3. 防止は，予測の結果として獲得される知識に基づいて，2条で挙げられている事象に続いて起こる被害の防止や最小化のために設計された活動で構成されている.

（中略）

第９条　大災害の予測と防止のための全国委員会

1. 大災害の予測と防止のための全国委員会は，リスクのいろいろな局面の予測と防止を目指したすべての市民保護活動に関する全国市民保護サービスへの諮問と助言の機関である．委員会は，市民保護の分野で必要な調査や研究に関する情報を提供すること，この法律で定められた事象を監視すべき機関や組織からもたらされるデータやリスク評価，措置結果を検証すること，及びこの法律に挙げられた活動に関わるその他の事項を検討することを行う.

2. 委員会は，議長となる市民保護調整担当大臣または首相の代理人，議長不在の際に代行となる市民保護の問題に精通した大学教授，及びリスクのいろいろな分野の専門家で構成される.

3. 委員会には，国，州及びトレントとボルツァーノ自治県の間の調整のための恒久協議会が指名する三名の専門家を含む.

4. 委員会は，第1条及び2条に基づき，首相令または市民保護調整担当大臣令により発足する．その令はこの法律の発効から6ヶ月以内に出され，委員会の組織の手続きや機能を規定する.

*1条1項及び担当大臣名に関しては鈴木(2012，199)の和訳を参考にした.

ラクイラ地震裁判の被告人は，ラクイラ地震の6日前，2009年3月31日の同委員会会合に参加していた科学者5名及び市民保護庁の官僚2名である．2006年4月3日の首相令23582号によれば，大災害委員会は各種災害の専門家である委員で構成され(図2)，委員には国立研究所や大学の科学者が多く選ばれている．地震災害に関しては，ローマ第3大学のバルベリ(Franco Barberi)教授が火山学者ではあるが副委員長に選ばれ，国立地球物理学火山学研究所(Instituto Nazionale di Geofisica e Vulcanologia；以下，INGV)の所長(当時)であったボスキ(Enzo Boschi)博士と，パヴィア大学のカルヴィ(Gian Michele Calvi)教授，ジェノヴァ大学のエヴァ(Claudio Eva)教授が委員に選ばれており，この4人全員が上記の2009年3月31日会合に出席した．このほか，国立研究所であるINGVは大災害委員会に対して資料を提供する義務があるので，同研究所全国地震センター長のセルヴァッジ(Giulio Selvaggi)博士がそのために科学者オブザーバとして出席した．以上が科学者被告人5名である.

また，委員会を招集した市民保護庁からデ・ベルナルディニス(Bernardo De Bernardinis)副長官と同庁地震リスク室長のドルチェ(Mauro Dolce)氏が政府オブザーバとして，地震の地元からはアブルッツォ州政府市民保護評議員[3]のスターティ(Daniela Stati)氏とラクイラ市長のチャレンテ(Massimo Cialente)氏が自治体オブザーバとして出席していた．これらのうち，政府オブザーバが官僚被告人2名である.

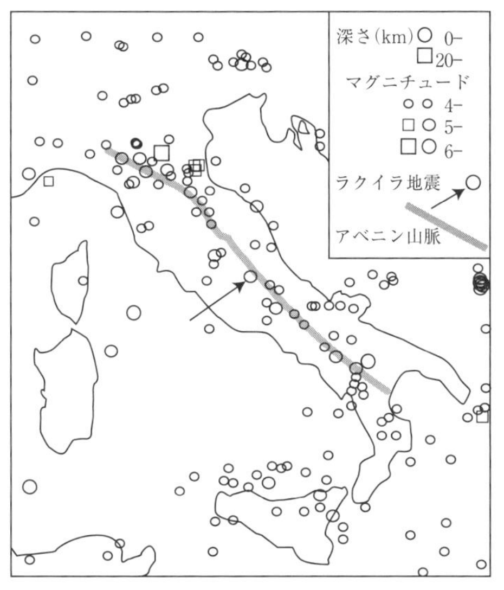

図1　1970～2009年の40年間にイタリア周辺で発生した*M*4以上の地震

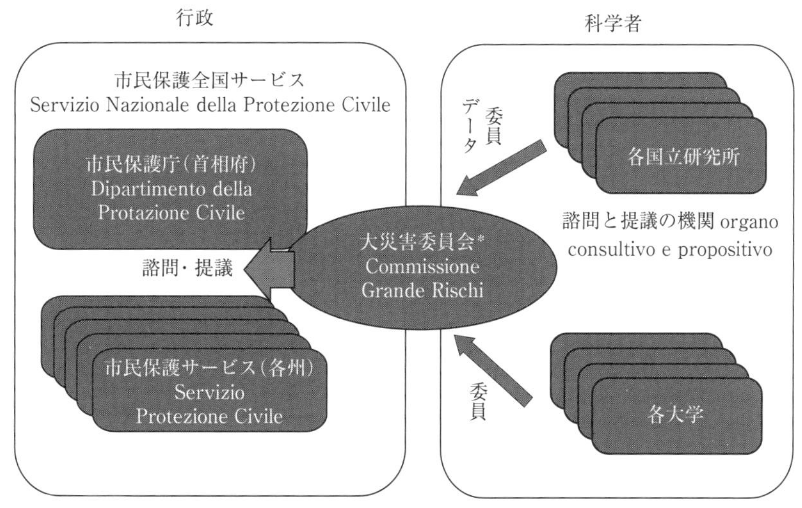

*大災害委員会の定員は委員長1名，副委員長1名，研究所長等3名，地震専門家3名，水理専門家3名，火山専門家3名，化学専門家1名，環境専門家1名，市民保護専門家5名

図2　イタリアの防災関係機関

3. なぜ委員会会合が開かれたのか？

前述のようにラクイラ地震が発生したアブルッツォ州の州都ラクイラ市とその周辺(以下，ラクイラ地域)はアペニン山脈に含まれ，もともと地震が多かったが，2009年1月からその活動が活発化して*M*3未満の小さな地震が継続的に多数発生する状況になっていた(図3)．ここで起こっていたのはいわゆる群発地震である．特に大きい地震とそれに続く小さい地震のような一群の地震についてはそれぞれ本震，余震と呼ぶが，本震といえるような地震を含まない一群の地震を群発地震と

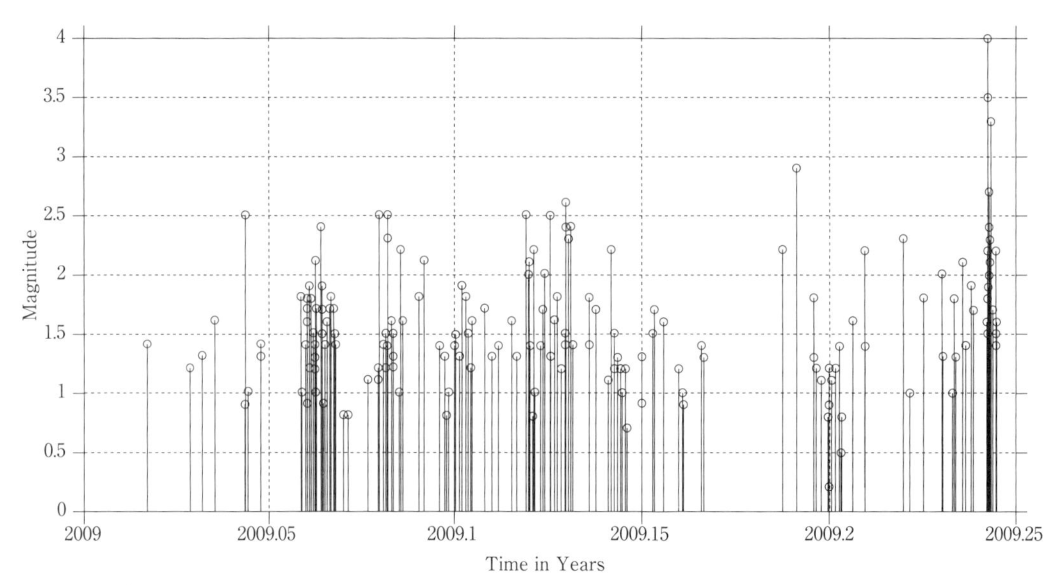

図3　2009年1月1日〜3月30日のラクイラ地域の群発地震活動(Centro Nazionale Terremoti 2009). 横軸の日時(年単位の小数で表示)に発生した地震のMが縦軸に示されている.

表2　2009年3月30日の電話記録

(前略)	
ベルトラーゾ	ああ. いいかい, 副長官のデ・ベルナルディニスが君に電話をしてくるから. バカどもをすぐにも黙らせ, 心配事などを落ち着かせるために, ずっと続いている群発地震についての会合をラクイラで開くことを.
スターティ	ありがとうございます, どうもありがとうございます.
(中略)	
ベルトラーゾ	重要なのは, 明日の, これからデ・ベルナルディニスが電話をかけてくるから, 明日どこで会議を行いたいかということで. 私は行かないが, ザンベルレッティ[5], バルベリ, ボスキ, つまり地震に関するイタリアの輝かしい専門家たちだ.
ベルトラーゾ	ラクイラまで行かせるから, 君のところか県庁か, 君たちが決めてくれていい, 私にはどうでもいいことだから. どちらかといえばメディア的な作戦だよ, わかるかい?
スターティ	ええ, ええ.
ベルトラーゾ	そうすることで, 彼ら地震に関する一流の専門家たちはこう言うだろう,「これは正常な状態です. リヒタースケール[6]4の地震が100回ある方が, 何もないより良いのです. なぜならば100回の地震はエネルギー放出に貢献するものであって, 害のある地震というのでは決してないのです」と. わかったかな?
スターティ	わかりました.
(中略)	
ベルトラーゾ	君はデ・ベルナルディニスと話をして, 明日この会議をどこで行うのかを決定してくれ. そしてこの会議については, 私たちはおびえたり心配しているのではなく, ただ人々を安心させたいためだと知らせるんだ. 私と君が話す代わりに, 地震学分野の最高の科学者たちに話をさせよう.
スターティ	承知しました.
(後略)	

いう(宇津 2001, 3). このような群発地震の状況にあった当時のラクイラ地域において, 不確かな予知情報を流す人間が複数現れ(ドルチェ氏の聞き取り調査；大木 2012, 1354), 住民はパニックに近い状況になるとともに, 当地の伝承に従って屋外で寝泊まりする人々が現れていた(たとえば原告トメイ(Fiorella Tomei)氏の証言；Billi 2013, 366).

3月29日, グランサッソ国立研究所の技官, ジュリアーニ(Giampaolo Giuliani)氏がラドン放出の間接測定により, スモルナ(ラクイラの 60km 南)で 6〜24 時間以内に大きなマグニチュードの地震が起こると再び予知して触れ回った. また, 3月30日にスモルナではなくラクイラ地域を襲った *M*4.0 の地震以降, この地震の余震を含め, 地震の発生率が高まった(図3). これらが原因となって住民の間には本格的なパニックが持ち上がる危険性が高くなってきていた(以上, INGV 2013a, 12).

そこで, 3月30日, 市民保護庁長官のベルトラーゾ(Guido Bertolaso)氏は, 翌3月31日にラクイラ市内で開催される大災害委員会の会合に委員やオブザーバを招集した. この召集の主な目的は, 検察から証拠提出された, 表2のベルトラーゾ長官とスターティ評議員の電話記録(Billi 2013, 129–31)[4]から読み取ることができる.「バカども」とはジュリアーニ氏など予知情報を触れ回る人々のことであり, その予知情報で不安になっている住民を落ち着かせるため, 地震学分野の最高の科学者たちをラクイラ市に集め, これは正常な状態で, 群発地震がたくさん起こるのはエネルギーが放出されるので良いことだという「安全宣言」を科学者たちに言わせる. これが目的であるとベルトラーゾ長官は述べている. この安全宣言が根拠としている「群発地震がたくさん起これば エネルギーが放出されるので良いこと」という考え方は科学的には正しくないが, 専門家でない住民や記者たちには非常に説得力あるものであったことは後述する.

4. 会合当日の会合直前から会合終了までの経緯

イタリア各地からラクイラ市に招集された科学者(委員とオブザーバ)や政府オブザーバ, 及び地元から参加の自治体オブザーバは大災害委員会会合に出席しただけでなく, 会合の前後に地元テレビや新聞のインタビューを受けている. また, 会合後には討議内容に関する記者会見が行われた.

これらを時間を追って振り返ると, まず会合前には, 被告人のひとりである政府オブザーバのデ・ベルナルディニス市民保護庁副長官だけが地元テレビ局TV Unoのインタビューを受けており, 表3のやりとりを行っている(Billi 2013, 95–6). まとめると, デ・ベルナルディニス副長官は, エネルギーの継続的な放出により良好な事態にあると科学コミュニティが私に認めていると発言し, ではおいしいワインを飲んでいましょうという記者の問いかけに対して, まったくその通りと答えている. これはまさに, 電話記録で明らかになった, 科学者に「安全宣言」を言わせるというベルトラーゾ長官の目的を, 科学者ではなく副長官自らが実現したことになる. しかも, おいしいワインを, という記者の冗談めかした確認に対して, 自分の出身地の銘柄を返して, テレビインタビューをあえて, より印象深くさせるとともに, 直後の大災害委員会会合で行われた議論とは対照的な内容で締めくくっている. なお映像を見れば明らかなように, この事前インタビューは他の委員から離れた場所でなされており, 聞き取り調査によれば, このような発言があったことを会合開催時点で知っていた委員はひとりもいない. 科学者とドルチェ室長は2年以上ののちに裁判の中で証拠として提出されて初めて知るに至った.

表3　大災害委員会会合前のテレビインタビュー(デ・ベルナルディニス副長官)

(前略)	
デ・ベルナルディニス	(3ヶ月間ラクイラに影響を及ぼしている群発地震は)疑いようもなく通常の現象である，中部イタリアのアブルッツォのような地域で起こる地震現象としては．ラツィオやマルケには多少の揺れの被害があったが．
(中略)	
デ・ベルナルディニス	危険はまったくない．スルモナ市長に言ったことだが，科学コミュニティは私にこう認めている，エネルギー放出が続いており，状況は好都合である．やや強い地震が起こるにしても，桁はずれに強いものではなく，小さな被害しか見ていないようなものなので，現状は好都合な状況にある．つまり，長期間の現象だとすると，我々は事態を収拾する用意を整えているので，市民のみなさんにはここにとどまってほしいとお願いしたい．
記者	その間，私たちはおいしいワインを飲んでいましょう，オフィーナの！
デ・ベルナルディニス	まさに，まさに．私にとってはモンテプルチャーノだが．

その後，同日午後6時30分，大災害委員会会合が開かれ，1時間のちの午後7時30分に終了した．そこで科学者委員は表4の発言を行った．ただし，表4では論告求刑書(D'Avolio and Picuti 2012)や判決理由書(Billi 2013)で引用されていない発言はかなり省略されている．

表4の中で科学者委員たちやスターティ評議員はさかんに「予測」が不可能と繰り返しているが，これは，大災害委員会の正式名称にも含まれる“previsione”という単語の多義性による．2章に書いたように，この単語には「予知」という意味もあり，表4で科学者委員たちやスターティ評議員は「予知は不可能」ということを繰り返し言っているのである．「予知は不可能」という発言は科学的に誤ったものではないが(たとえばJordan et al. 2011)，繰り返されて強調された理由は表2の電話記録にあるベルトラーゾ長官の「(予知を触れ回る)バカどもをすぐにも黙らせ」る(＝予知は不可能であるのに触れ回っている人がいる，すなわちその予知は間違っている)という指示が，委員会会合の場に持ちだされたためと考えられる．スターティ評議員の質問は当然ベルトラーゾ長官の指示によるものであろう．

表4　大災害委員会会合での科学者委員の発言(4月6日公式議事録[7]より)

(前略)	
ボスキ	アブルッツォでの強い地震の再来周期は非常に長く，1703年のような大地震が短期間でやってくることはなさそうである，それを完全に否定することはできないが．
(中略)	
バルベリ	地震現象に関して，時期についての予測を行うことは極めて困難である．
(中略)	
エヴァ	(非常に限られた数の事例しかないのは)この種の小地震が過去に記録されなかったから．大地震は最近起こっていないが，群発地震は多数あった．しかし，こうした群発地震が後で大地震につながっていたわけではない(たとえばガルファニャーナの例)．もちろん，ラクイラは地震地帯だから，大地震が起きないと断言はできないが．
(中略)	
ボスキ	したがって予測を行うことは不可能である．
(中略)	
ボスキ	多くの小地震を単に観測しても前兆現象につながらない．
(中略)	

カルヴィ	揺れの記録は加速度の強いピークで特徴づけられるが，数ミリの小さなスペクトル変位[8]も見える．したがって構造物に対する被害はほとんどないだろう．加速度に敏感な，脆弱な構造物などは被害があるだろう．
セルヴァッジ	数日から数週間前に小地震が先行していた大地震がいくつかあった．しかし，最近の多くの群発地震は大地震につながらなかったのも確かである．
バルベリ	小さなマグニチュードの一連の地震が大地震の前兆であると言える根拠はない．
スターティ	予測ができると主張し，そのための手段を提案するような人に対しては，それが誰であっても信用する必要はない，とそう言って間違いないのか．
バルベリ	ラドンガスを測って地震を予測することは古い問題で長年研究されてきたが，いまだ有効な解決策は見つかっていない．地震の準備段階，あるいは地震が起こっている最中に地球化学的な現象があるのは確かだが，非常に複雑な現象であるため前兆現象として用いることはできない．ですので，今のところ予測を行う方法はないし，どんな予測にも科学的な根拠はない．
（後略）	

委員会会合の中で科学者委員たちは概ね，ボスキ博士やエヴァ教授，セルヴァッジ博士の発言に代表されるように，まったく大地震[9]にならないとは言い切れないが，多くの群発地震が大地震につながらずに終わっているという一般論を述べている．これら一般論は科学的に正しい発言である．たとえばArcoraci *et al.*(2011)によれば，2008年から2010年までの間にイタリア全土で127回の群発地震があり，そのうち1回だけ，つまりラクイラの群発地震だけが大地震につながった．また，Amato and Ciacco(2012)によれば，近代的な地震観測が行われるようになった20世紀においてアブルッツォ州では23回群発地震があり，そのうち8回がライクラ地域で起きているが，大地震につながったものはなく，すべての群発地震が*M*4から5の最大地震で終わっている．つまり，多くの群発地震は大地震につながらずに終わっているという一般論は正しい．これら2論文はラクイラ地震後に出版されたものであるが，委員会会合当時も多くのイタリア人科学者が同じようなことを経験的に把握していたとするべきであろう．

それでも，このような科学者たちの言い方では，実際には起きてしまった大地震の危険性を指摘したことにならないのではという疑問も生ずるかも知れない．しかし，Amato and Ciacco(2012)が指摘した事実に従えば，ラクイラ地域の20世紀の群発地震は大地震につながっていないと言ってもよかったにも関わらず，あえてイタリア全土に関する一般論を述べることで科学者としての責任は果たしていると見るべきであろう．

5. 会合当日の会合以降の経緯

大災害委員会会合の直後に記者会見が開かれたが，INGV(2013b, 19)によれば「記者会見には委員会参加者の一部が出席したが，ボスキとセルヴァッジには記者会見があることは知らされなかった．スターティが公判の証人尋問で言及したように，記者会見はデ・ベルナルディニスとスターティによって設定された．記者会見の音声記録は存在しないので実際に何が話されたかはだれも知らない」．スターティの証人尋問は判決理由書(Billi 2013, 178)に載っている．また，映像記録は残っていて音声記録だけが失われているというのはなんとも異様だが，遺族のひとりで地元メディア関係者は地震による建物倒壊でそのようなことが起こったと言っている(大木2012，1357)．いずれにしろ，そのために記者会見の内容は証拠として扱うことができなくなり，判決理由書では証拠採用されていない．

記者会見の後，INGV(2013b，19)によれば「デ・ベルナルディニス，バルベリ，スターティとチャレンテがあまり重要でないインタビューを受けた」．内容が重要でなくても，被告人たちなどがメディアに対してどのようなことを言っているかは裁判にとって非常に重要なので，判決理由書(Billi 2013, 91-5; 230)に掲載されている範囲でこれらの地元テレビによるインタビューを以下の表5〜7に示す．

表5　記者会見直後のテレビインタビュー(デ・ベルナルディニス副長官，TV Uno)

デ・ベルナルディニス	まず第一に言うべきは，我々，バルベリ，ベルトラーゾは非常に注意深く減災活動と構造物の耐震補強を進めており，政治家には多くの財政的局面でそれを求め続けていること．第二に，現状に関する知識として，可能な予測*は存在しないことと，どのステージにあるかを理解するためには歴史学や統計学に基づかざるを得ないこと．第三に，全国規模の地震だけでなくローカルな地震に対しても市民保護を組織することが極めて重要であることである．
記者	少し前に加速度と震度について話されました．どういう意味で話されたのですか？　そして，ここ数日，根拠のない噂が流布している状態で，もちろん予知はできないという条件で，あなた方は地震による影響にどう備えようとしているのでしょうか？
デ・ベルナルディニス	私は役人ですが，この点はまさに大災害委員会の専門家が考えなければならない問題であり，実際にこの点から見て，時間とマグニチュード両方に関して進展がありました．しかし，同時に，構造物に対する地面の加速度の影響を知ることが非常に重要であるということです．
記者	ラクイラ市内の建物の安定性や，耐震家屋の状況はどうなんでしょうか？
デ・ベルナルディニス	確かに，ラクイラには一時的に立ち入り禁止になっている学校がありますが，今のところ目立った被害はありません．しかし，異なるシナリオの地震となると，反応は複雑でどうなるか？　他の種類の建物，たとえばラクイラのような都心の建物か，オフェーナのような郊外の建物かなど，に関してはこのレベルで答えられるように思いますが，それでもまだ違う対応が必要です．
記者	耐震と定義できるオフィス，公共建物，学校はいくつありますか？　あなた方はこうした調査を確かに行いましたか？
デ・ベルナルディニス	この調査は我々の耐震関係の同僚が行いました．前に申したように私は役人ですから，問われたらこう言うことができます．過去の地震，とくにイルピニア地震の後に，耐震性に適合することを加速する一連の法律が作られました．ですので，前の繰り返しですが，あらゆる財政的局面で，我々は公共物，特に学校の耐震補強のためのお金を要求し続けています．

＊　本論での決まり通り“previsione”を「予測」と訳したが，明らかに「予知」の意味で使っている．

表5を見ると，デ・ベルナルディニス副長官は会合前に比べて一転慎重になっていて，表3のような「安全宣言」は一切語らず，逆に大地震になった場合の対策などを述べている．この変化は委員会会合や記者会見での科学者たちの発言に影響されている可能性が高く，そうならば科学者たちは「安全宣言」を決して述べなかったことを間接的に証明していることになる．

表6　記者会見直後のテレビインタビュー(バルベリ教授，ABRUZZO24ORE)

記者	地震は予知できるのでしょうか？
バルベリ	答えは非常に簡単で，あなたがどこで，いつ，どのくらいの規模でということを意味しているなら，地震は予知できません．何千の研究がおこなわれ，何千の手法が試されましたが，いまだ信頼できる方法が見つかっていません．かわりにできることは，どこで地震が起きているのか，その地震はどういう特徴を持っているか，どんな頻度で起きているか，これらに基づいて最大の規模はどのくらいか，リスクのレベルはどのくらいかを調べることです．しかし，地震が起こる時間の予測*は不可能で，それをできる道具を持っているという人がいたら，その人はバカげたことを言っているし，存在しないもののことを自慢して，人々をだまし恐怖を植え付けていることになります．
記者	そうすると，その研究者が，彼の道具で予知できると請け合っていることはだましているということですか？

バルベリ	しかし，その研究者が予知できる道具を持っているということを科学者コミュニティに納得してもらうためには，結果を同僚に送ったり雑誌で出版しなければならないし，警報は市民保護庁のような信頼できる照会機関に送付する必要があります．これらは真剣な予測*のためのABCであり，これらなくしては真剣なものであると評価されことはありません．

＊　本論での決まり通り“previsione”を「予測」と訳したが，明らかに「予知」の意味で使っている．

表6のバルベリ教授のインタビューは地震予知の可能性の質疑に終始している．ここでは“prevedere”という単語が多く使われているので「予測」ではなく，まさに「予知」のことが述べられている．従って，当然のことながら，「安全宣言」は出てこない．

表7　記者会見直後のテレビインタビューに関する証言(スターティ評議員，2011年12月7日公判)

「このインタビューで，私は指示されたように警告は言わずに，委員会は真の危険を見い出せなかったと言いました．しかし，その時，大災害委員会でだれかが私に，大きな地震が起こる小さな可能性があると言ったことを思い出しました．それで私は今後，ラクイラにとどまるかどうか，子どもたちをラクイラの近くで寝させるかどうか，確信が持てなくなりました．」

表7のスターティ評議員もベルトラーゾ長官の指示に従った「安全宣言」を述べるということはせず，大地震の可能性を警告するようなことはしないという消極的な協力に留めている．さらには，科学者のだれかが大地震の起こる小さな可能性を言ったことまで述べて，科学者が大災害委員会会合で適切な発言をしていたことを示唆している．

表8　記者会見直後のテレビインタビュー(チャレンテ市長，ABRUZZO24ORE)

記者	チャレンテ市長，この重要な会議の成果は何ですか？
チャレンテ	まず私はこの地に来てくれた市民保護庁と大災害委員会に感謝しなければならない．そして，この大変重要な会議をここで開催してくれた州の市民保護評議員に感謝する．結論の第一に私が市民に言うべきことは，地震を予知したり，次の展開を予測することは不可能であることです．次に得られたことは，これは群発地震で周波数は高いが振幅は小さく，そのため我々が感じているように比較的マグニチュードが小さく，振幅が小さいので，構造物への被害は小さめであることです．従って，起きてしまった被害は柔軟性のない構造物で起きているようで，デ・アミチスで起きたことはこれです．あるいは，天井やコーニスのような上部構造に被害を与えるので，これらはまさに危険な構造物です．重要な建物は大丈夫であることは再び示されました．そして特に公共建物に投資するべきですが，これは技術的な問題ではなく政治的，行政的問題です．繰り返しますが，イタリアやヨーロッパの現在の指導的な地震学者が集まった会議でした．
記者	被害を受けたが，現在は安定しているということでしょうか．そうなると，今後，被害が定量化されたとして，それに使える予算はあるのでしょうか？
チャレンテ	見てください，とにかく国と地方の市民保護組織がこうして集まって，この地方の問題に取り組んでいる．我々は被害を見て，他の学校や公共建物をチェックしました．大きな被害，特に重要な被害はデ・アミチスの学校への被害です．壁に大きな破損があって，学校は閉鎖されています．州市民保護サービスとスターティ評議員は何をするべきか，中でも市民保護庁と最初の予算に関してどう折り合いを付けていくべきか，考えていくでしょう．それを表明するためにラクイラ市は真の……不可解[10]．
記者	アミチスの生徒は移動するのでしょうか？　何かお考えは？

チャレンテ	見てください．私はご覧の午後の会議から来たばかりです．いくつかの考え……いかに配置するか，特にご家族への影響を最小限することから始めましょう．学校は歴史的な中心部にあります．しかし，すべての子供たちが第一で，彼らは元気です．ご両親も元気です．全面的な協力の下，他の学校を使うことになるでしょう．
記者	誤報に戻りましょう．こう仮定しましょう．これが専門家の課題であると考えている人から電話がありました．ある科学者が彼に8時間後に大被害地震があると言って来ました．彼はこの時点で服を着たままでいるべきでしょうか？
チャレンテ	はい，ですがいいえ，えー，そこにいて，たぶん可能で……
記者	ダメ，ダメ，もっと正確に！
チャレンテ	はい，ドラマがあるだろうし，ひとりの場合もあるでしょう．私が言えることは，あなた方が選択や決断をしなければならない時があるということです．たとえば雪が降るか，降らないか，そして学校に行くか，行かないか．しかし，今回の場合，繰り返しますが，われわれは市民保護庁と緊密な関係にあることと，地震は予知できないということです．たぶん，降雪はできるでしょうが，地震はまったくできません．

表8のチャレンテ市長は，3月31日までの群発地震によるラクイラ市の被害を中心に述べているが，それでも「安全宣言」をするようなことはしていない．また，最後に，大地震への備えは結局，市民自らが選択や決断をしなければならないという，地震防災の最重要ポイントを的確に述べている．

6. 会合当日その後からラクイラ地震までの経緯

会合当日3月31日のその後及び翌4月1日に行われた報道の一例は，2012年8月に放送されたドキュメンタリー番組「訴えられた科学者たち～イタリア 地震予知の波紋～」の中で紹介されている．地元テレビ局ABRUZZO24OREは会合当日の夜のニュースで，バルベリ教授，デ・ベルナルディニス副長官，スターティ評議員，チャレンテ市長，カルヴィ教授，ドルチェ室長が映った記者会見の映像とともに

「大災害委員会が開かれ地震の権威があつまりました．」

「科学者たちは，むしろ群発地震によるエネルギーの放出は好ましく，大きな地震にはつながらないと言います．」

「この『安全宣言』はラクイラ市民には朗報です．」

と流した．また，翌朝の地元新聞“Il Messaggero Abruzzo”には一面トップに「新たな地震とラクイラの大いなる恐怖」という見出しの記事が置かれ，中のラクイラ向け紙面には「また地震，今日は学校閉鎖」という見出しの記事があって

「大災害委員会の会合に出席していたベルナルド デ・ベルナルディニスは『市民保護は市長や市民とともにあり，行動を取る準備はできている．我々がイタリアの地震地帯に起こったこの地震について質問したところ，科学コミュニティは次のように確認した．連続的なエネルギー放出があるので，まったく危険はなく，好都合な状況である．かなり強い地震はあるだろうが，とても強い地震はない．』」

と書かれていた．

つまり，デ・ベルナルディニス副長官が会合前のテレビインタビューで述べた「安全宣言」が，ほぼそのまま地元テレビや地元新聞で流され，特にテレビでは大災害委員会が「安全宣言」をしたかのように報道されている．そもそも，マグニチュードが1小さいだけで地震のエネルギーは約30分の1になってしまう．群発地震を構成する小地震のマグニチュードはせいぜい2か3である

から，それらより4程度マグニチュードが大きいラクイラ地震のエネルギーを解放するためには，小地震が百万回も起こらなければならない．ところが，実際に起こったのは数百回程度であるから，群発地震がエネルギーを放出したので大地震が起こりにくくなっているという考え方は科学的に誤りである．しかし，テレビや新聞の記者にはなぜか説得力がある表現であったため取り上げられ，その報道に接した住民にも説得力があったと推測できる．

ラクイラの住民には，群発地震が起こっている期間は建物から出て屋外で寝泊まりするという習慣があったが，報道に接して多くの住民がその習慣をやめた．また，遠方からの大学生たちはいったん実家などに戻ることを検討していたが，報道に接して多くの者がその計画をとりやめた．その状態で4月6日のラクイラ地震(*M*6.3)が発生し，歴史地区等の耐震性の低い建物の崩壊などにより309名の死者と多数のけが人，倒壊建物が出てしまったのである．

7. ラクイラ地震から判決までの経緯

市民保護庁は同庁と大災害委員会の対応が遺族などに問題視されていることを察知して，各国の地震学者を集めて地震予知に関する国際委員会を開催し，地震予知が現時点では不可能との報告書を2009年10月に公表している．しかし，死者37名の遺族及び負傷者4名は，地震予知ができるかできないかの問題ではなく(大木2012，1356)，犠牲者が出たのは大災害委員会が地震に関して誤った安全宣言を出したからであるとして，3月31日会合に出席していた7名(2章参照)を同年中に刑事告訴及び損害賠償の附帯私訴を行った．

それを受けてイタリア検察庁が共同過失致死傷罪(刑法113，589，590条)で予備捜査を開始し，2010年7月には予審判事(Giudice per l'Udienza Preliminare)へ検察官報告書(Picuti 2010)を提出して起訴したため，この起訴が不当なものであるとの署名活動が，世界中の科学者にインターネットを介して呼びかけられた．しかし，この署名活動も依然として地震予知可能性に関するものだったため，上述のように地震予知の問題ではないとする遺族には功を奏さなかったばかりか，かえって逆鱗に触れただけであった．そして，2011年5月に予備審理が，9月には公判がラクイラ法廷で開始され，合計31回(1回の延期を含む)の公判が開かれた．

2012年9月の30回目に読み上げられた論告求刑書(D'Avolio and Picuti 2012)では犠牲者34名(死者30名，負傷者4名)に対する共同過失致死傷罪で禁固4年が求刑され，翌月の最終回に出された判決では1名の死者に対する因果関係は否定されたものの，残る33名に対する共同過失致死傷罪により求刑を上回る禁固6年，公職からの追放，総額800万ユーロ以上の賠償金及び国家賠償となった．判決の詳細な理由書(Billi 2013)は2013年1月に公表され，被告人らは控訴を行っている[11]．

論告求刑書には求刑理由として次のように書かれている．

(1) 大災害委員会会合において，2008年12月からのラクイラ地域の地震活動に関して，「予測と防止」の活動と任務という観点からは大雑把で曖昧で効果のない危険度評価を行ったこと．
(2) 大災害委員会会合において，メディアへの声明と議事録の作成を通して，市民保護庁やアブルッツォ州市民保護評議員，ラクイラ市長，ラクイラ市民に，不完全で不正確で矛盾した情報を提供したこと．
(3) 下記の言動により，被害者が，2009年4月6日午前3時32分に起きた地震にいたるまで，何ヶ月も前から頻繁にかつ次第にそのマグニチュードを増大させながら何度も繰り返し起きていた地震による揺れを感知していたにもかかわらず，家の中にとどまるように誘導されたこと．

- 「したがって予測を行うことは不可能である」，「地震現象に関して，時期についての予測を行うことは極めて困難である」，「多くの小地震を単に観測しても前兆現象につながらない」，「どんな予測にも科学的な根拠はない」（表3；委員会会合でのボスキとバルベリの発言）
- 「アブルッツォでの強い地震の再来周期は非常に長く，1703年のような大地震が短期間でやってくることはなさそうである，それを完全に否定することはできないが」（表3；委員会会合でのボスキの発言）
- 「小さなマグニチュードの一連の地震が大地震の前兆であると言える根拠はない」（表3；委員会会合でのボスキとバルベリの発言）
- 「揺れの記録は加速度の強いピークで特徴づけられるが，数ミリの小さなスペクトル変位[8]も見える．したがって構造物に対する被害はほとんどないだろう．加速度に敏感な，脆弱な構造物などは被害があるだろう」（表3；委員会会合でのカルヴィの発言）
- 「（3ヶ月間ラクイラに影響を及ぼしている群発地震は）疑いようもなく通常の現象である，中部イタリアのアブルッツォのような地域で起こる地震現象としては．ラチオやマルケには多少の揺れの被害があったが」（表3；委員会会合直前のデ・ベルナルディニスのインタビュー）
- 「危険はまったくない．スルモナ市長に言ったことだが，科学コミュニティは私にこう認めている，エネルギー放出が続いており，状況は好都合である．やや強い地震が起こるにしても，桁はずれに強いものではなく，小さな被害しか見ていないようなものなので，現状は好都合な状況にある」（表3；委員会会合直前のデ・ベルナルディニスのインタビュー）

上記のうち，（表3；委員会会合でのボスキとバルベリの発言）が理由(3)の言動のひとつとして挙げられているのが不可解に見えるが，4章で述べたように“previsione”という単語を科学者は「予知」という意味合いで使っているのに対して，検察官や判事は委員会正式名称のように「予測」という意味合いで使っていることによる誤解から生じている．地震予知が現時点では不可能と述べることは科学的には適正なことである．世界の最新のレビューとしては，本章の冒頭で述べた国際委員会の最終報告書に基づいた論文(Jordan et al. 2011)を参照されたい．

8. 判決とその問題点

膨大で詳細な判決理由書(Billi 2013)であるが，判決理由が明示的には書かれておらず非常に読み取りづらい．しかし，論告求刑書の一部が前文及び本文の予備審理の部分に載せられているので，判決における有罪理由も，本論6章で挙げた論告求刑書の求刑理由とほぼ同等であると考えて良いだろう[12]．

この求刑理由のうち，まず理由(1)及び(2)をみると，ここまで論証してきた地震の予測に関する科学の不定性から考えて，非常に無理な理由づけを行っている．大雑把でなく曖昧でもない効果的な危険度評価（理由(1)）を行うことや，完全かつ正確でまったく矛盾のない情報（理由(2)）を提供することは，現状の科学に基づけば不可能なことである．

一方で，判決理由書の中で375頁というもっとも多くの頁数を費やしている5章「因果関係」では，告訴団を含む被害者の家族等の証言により，「大災害委員会の『安全宣言』が被害者の地震に対する習慣を変えさせ，その結果，ラクイラ地震における死亡，傷害に至った」という因果関係を証明しようとしている．この因果関係は理由(3)に近いので，ビリ(Marco Billi)判事は理由(1)及び(2)ではなく，理由(3)を主な有罪理由としたと考えられる．言い換えると，理由(1)及び(2)に現れる科学の問題より，理由(3)に現れるコミュニケーションの問題にビリ判事は重点を置いた．

ところが，判決理由書5章で証明されている因果関係は理由(3)に完全には一致しない．「下記の言動」が「安全宣言」に置き換わっており，実はこの不一致が判決の重点部分における大きな問題点になっている．つまり，問題点の所在は，「安全宣言」とは何か？，それを出したのはだれか？にある．5章で証明されたことは「被害者は委員会会合後のメディアの報道を見聞きして習慣を変えた」ということであるから,「安全宣言」＝メディアの報道である．委員会会合は非公開なので，被告人等とメディアの接点としては会合前後のインタビューと記者会見しかない．記者会見は音声記録がなく証拠採用されなかったので，残る候補はインタビューだけである．

その中でメディア報道の内容，特に被害者に対して説得力のあったエネルギー放出の点に言及しているのは，委員会前のデ・ベルナルディニス副長官のインタビューだけである．ましてやエネルギー放出の点は科学的に間違っていることは前述の通りである．科学者委員やオブザーバが委員会の場で科学的に間違っていることをあえて口にするとは到底考えづらい．また，このインタビューは会合前に行われているから，会合での科学者の発言がこのインタビューの内容，ひいては報道内容や「安全宣言」に影響することは物理的にあり得ない．さらには，聞き取り調査によれば，科学者たちはデ・ベルナルディニス副長官の委員会前インタビューおよび地元テレビや新聞の報道を裁判になるまで知らなかったので，「安全宣言」を否定しようもなかった[13]．

従って，本件の責任はデ・ベルナルディニス副長官が担うべきであり，科学者全員とドルチェ室長には責任はないであろう．デ・ベルナルディニス副長官に，エネルギー放出も含めた「安全宣言」を出すよう指示したベルトラーゾ長官と，それに協力したスターティ評議員は追加で起訴されるべきであろう．カルヴィ教授への聞き取り調査によれば，ベルトラーゾ長官も追加起訴される方向で進んでいるとのことである[14]．

さらには，記者会見で発表されていたであろういろいろな科学的情報，あるいはバルベリ教授やチャレンテ市長，スターティ評議員による，よりまっとうなインタビューではなく，科学的ではないが読者や視聴者に訴えかけやすい「安全宣言」のみを報道した報道機関の責任も重大であろう．しかし，報道関係者が起訴されることはなかったので，報道機関の責任に関する裁判所の判断が示されることはなかった．

9. おわりに

以上のように，科学の不定性，その中でも不確実性(uncertainty; Stirling 2010)を踏まえないデ・ベルナルディニス副長官の安易な「安全宣言」が，長官の意向によるパニック鎮静化の目的があったにしろ，犠牲者につながった主要な原因と考えざるを得ない．科学者が不定性を無視して，誤った「踏み越え」を積極的に行ったという形跡は認められなかった．これらの点はかなり明白であるにもかかわらず住民の告訴が行われたのは，犠牲の原因をだれかに求めたい，特に「地震に関するイタリアの輝かしい専門家たち」(表2)と鳴り物入りでやってきた科学者に求めたいという被災者感情が働いた可能性がある．また，そうした被災者感情を含む国民感情を重視する傾向が最近の司法にはあり，それがイタリアの検察官や裁判官に影響したことも考えられる．

ここでは，イタリアの科学者が共同過失致死傷罪で有罪判決を受けるという事態を受けて，刑事責任を念頭に科学者の責任をかなり厳密に議論してきたので，このような結論に至ったが，刑事責任を離れて道義的な責任というレベルの議論をするならば，デ・ベルナルディニス副長官以外の被告たちにも問題点は存在していた．4節で示したように，委員会会合において被告たちは「まったく大地震にならないとは言い切れないが，多くの群発地震が大地震につながらずに終わっている」という，科学的には正しい一般論を述べている．しかし，これらの発言が論告求刑書(D'Avolio and Picuti 2012)に求刑理由(3)として挙げられているということは，住民に伝わった時には「まったく大地震にならないと言い切れないが」という断り書きの部分が抜け落ちて，「多くの群発地震が大地震につながらずに終わっている」だけになっている可能性が高いと検察官や判事が判断したことになる．「群発地震が大地震につながらずに終わる」ことは，当地の伝承に従って屋外で寝泊まりしているが自宅に帰りたいと思っている住民にとって科学者から一番に聞きたい情報であるから，それと断り書きを単に並列させるだけでは災害科学のコミュニケーションとして著しく不十分であるという指摘である．また，こうしたコミュケーション不足が意図的なものであるという分析もある(小谷 2014)．確かにコミュニケーションとしては不十分であったが，実際には会合は非公開で，会合後のインタビューでも会合内の発言に言及されることはなかったから，この問題点は道義的責任に留まり，刑事責任とはならないというのが筆者らの結論である．なお，コミュニケーション上の問題点については大木(2012，1357–)において詳述した．

最後に日本との比較を述べておく．日本の過失罪裁判では，予見可能性と結果回避義務の両方が立証されたとき，はじめて刑事責任が認定される．ラクイラ地震裁判の場合，上述のように現在の科学のレベルではラクイラ地震が確実に予見できる可能性はなく，かつわずかな確率で大地震が起こり得ることは委員会会合などで科学者は指摘していた．一方，科学者に結果回避義務がないことは，大災害委員会の設置法(表1)に同委員会が「諮問と助言の機関」と規定されていることから明らかなように見える．しかし，この点の議論が判決理由書ではまったく見当たらない[15]ので，今後の研究課題としたい．

謝辞

注1)，2)に書かれた皆さまにご協力いただきました．特に，お茶の水女子大の小谷眞男先生には原稿を読んでいただいて多くのご指摘をいただきました．また，編集委員会の先生方には本論執筆の機会をいただくとともに，思慮に富んだコメントをいただきました．記して感謝致します．

■注

1）資料収集と聞き取り調査ではドキュメンタリージャパン社の山田礼於氏，INGVのコッコ(Massimo Cocco)博士とアマート(Alessandro Amato)博士，及び朝日新聞社の松尾一郎記者のご協力を得た．
2）判決理由書の分析では小谷眞男先生(お茶の水女子大)と大森一志弁護士のご協力を得た．
3）assessoreの和訳には伊和中辞典(在里・他 1999)の用語集に従い「州政府評議員」を当てた．
4）電話記録の和訳には山田礼於氏の資料も参考にさせていただいた．なお，ドルチェ室長への聞き取り調査によればベルトラーゾ長官は当時，別の汚職事件の捜査を受けていたため電話が盗聴されており，その結果，電話記録が残っていたとのことである．
5）ザンベルレッティ(Giuseppe Zamberletti)氏は大災害委員会委員長だが，結局，会合は欠席した．
6）リヒタースケールとはマグニチュードのこと．
7）http://processoaquila.files.wordpress.com/2012/10/4-cgr-310309.pdf. 判決理由書(Billi 2013, 82–3)にも含まれている．

8）原文のspostamentiはshiftsと英訳されることが多かったが（たとえばhttp://www.seis.nagoya-u.ac.jp/yamaoka/iweb/NU-site/LAquila_files/cgr-english.pdf），displacements（変位）と訳すのが正しいことが2013年6月のカルヴィ教授への聞き取り調査でわかった．

9）「大地震」とは*M*7以上の規模の地震を指すことが多いが（宇津2001，3），判決理由書などにならってここでは*M*6.3のラクイラ地震も大地震と呼ぶ．

10）判決理由書に「……不可解．」と書かれているが，次の記者の質問が重なって，この部分のチャレンテ市長の発言が「聞き取れない」という意味であろう．

11）2014年3月の現地報道によれば，控訴審の初公判が同年10月に開かれる見込みとのことである．

12）イタリアでは裁判官と検察官が「司法官」という同一職種にあって仲間意識が強く，起訴と判決が似たような内容となる場合が多いという説もある（南島2013）．

13）公式議事録以外にやや詳細な議事録の案が証拠採用されていて，同じく7)のサイトと判決理由書に掲載されている．その中には「市民保護庁長官がメディアに対して，科学者でないにもかかわらず，頻繁に一連の地震が発生した場合，エネルギーが放出されるため大地震が起こらない可能性が高くなると表明したと，私は聞いた．みなさんはどう思うか？」という疑問を呈したバルベリ教授の発言がある．しかし，ここで言及されているのはベルトラーゾ「長官」の表明であって，デ・ベルナルディニス「副長官」の「安全宣言」ではない．2013年3月のバルベリ教授への聞き取り調査によれば，2009年3月30日以前のテレビ報道におけるベルトラーゾ長官の表明とのことであった．この点に関しては2013年2月出版の纐纈・大木（2013，53）も「副長官」と誤認している．このほか，だれかがエネルギー放出の発言をして，それに対してだれも答えなかったというスターティの証言が判決理由書に載っており，これもバルベリ教授の発言を指すものと考えられる．

14）その後，2013年12月に米国の学会でアマート博士に会う機会があり聞いたところでは，ベルトラーゾ長官（当時）を追加起訴する方向で進んでいたが，どうも逃げ切られそうな情勢であるとのことであった．

15）イタリアで採用されている「起訴法定主義」が影響しているという見方もある（小谷2014）．

■文献

Amato, A. and Ciaccio, M. G. 2012: “Earthquake sequences of the last millennium in L’Aquila and surrounding regions (central Italy),” *Terra Nova*, 24, 52–61.

Arcoraci, L., Battelli, P., Castellano, C., Marchetti, A., Mele, F., Nardi, A. and Rossi, A. 2011: “Bollettino Sismico Italiano 2008–2010”, *30° Convegno Nazionale, Gruppo Nazionale di Geofisica della Terra Solida*, Trieste (poster).

在里寛司，池田廉，郡史郎，西村暢夫，米山嘉晟 1999：『伊和中辞典』第2版，小学館．

Billi, M. 2013: “Motivatione,” *Sentenza nella causa penale*, Tribunale di L’Aquila.

Centro Nationale Terremoti 2009: *Relazione sulla Sequenza Sismica dell’Aquilano*, INGV.

D’Avolio, R. and Picuti, F. 2012: *Requisitoria Scritta Del Pubblico Ministero*, Procura della Repubblica presso il Tribunale di L’Aquila.

INGV 2013a: *The April 2009 L’Aquila earthquake: a retrospective discussion on scientific knowledge*, INGV.

INGV 2013b: *Before, During and After the 31st March 2009 Commissione Grandi Rischi Meeting*, INGV.

Jordan, T. H., Chen, Y. -T., Madariaga, R., Main, I., Marzocchi, W., Papadopoulos, D., Sobolev, G., Yamaoka, K. and Zschau, J. 2011: “OPERATIONAL EARTHQUAKE FORECASTING, State of Knowledge and Guidelines for Utilization”, *Annals of Geophysics*, 54(4), 315–91.

纐纈一起，大木聖子 2013：「裁かれた科学者たち」『FACTA』2013年2月号，52–4.

小谷眞男 2012：「イタリア地震災害対策2 アブルッツォ州震災時の活動事例」『世界の社会福祉年鑑2012』，204–14.

小谷眞男 2014：「CGR議事録：『公式版』と『案』の対比表」，personal communication.

南島信也 2013：「イタリア地震裁判の報道」『日本災害情報学会News Letter』52，3.
尾内隆之，本堂毅　2011：「御用学者が作られる理由」『科学』81(9)，887–95.
大木聖子 2012：「ラクイラ地震の有罪判決について」『科学』82(12)，1354–62.
Picuti, F. 2010: *Memoria del P. M.*, Procura della Repubblica presso il Tribunale di L'Aquila.
鈴木桂樹 2012：「イタリア V 災害対策 1 災害防護国民サービス」『世界の社会福祉年鑑 2012』，196–204.
Stirling, A. 2010: "Keep it complex," *Nature*, 468, 1029–31.
竹村和久 2012：「第 1 章　リスク認知の基盤」『リスクの社会心理学』，3–21.
宇津徳治 2001：『地震学』第 3 版，共立出版.
Weinberg, A. M. 1972: "Science and trans-science," *Minerva*, 10(2), 209–22.

L'Aquila Earthquake Trial: Incertitude in Disaster Sciences and Scientists'Responsibilities

KOKETSU Kazuki*[1], OKI Satoko*[2]

Abstract

What disaster sciences are expected by the society is to prevent or mitigate future natural disasters, and therefore it is necessary to foresee natural disasters. However, various constraints often make the foreseeing difficult so that there is a high incertitude in the social contribution of disaster sciences. If scientists overstep this limitation, they will be held even criminally responsible. The L'Aquila trial in Italy is such a recent example and so we have performed data collections, hearing investigations, analyses of the reasons for judgment, etc., to explore the incertitude of disaster sciences and scientists' responsibilities. As a result, we concluded that the casualties during the L'Aquila earthquake were mainly due to a careless "safety declaration" by the vice-director of the Civil Protection Agency, where the incertitude of disaster sciences had never been considered. In addition, news media which reported only this "safety declaration" were also seriously responsible for the casualties. The accused other than the vice-director were only morally responsible, because their meeting remarks included poor communication in disaster sciences but those were not reported to the citizens in advance to the L'Aquila earthquake.

Keywords: L'Aquila earthquake, Criminal responsibility, Disaster science, Incertitude, Communication

Received: December 24, 2013; Accepted in final form: June 4, 2014

*1 Professor; Earthquake Research Institute, University of Tokyo; 1-1-1 Yayoi, Bunkyo-ku, Tokyo, Japan
*2 Associate Professor; Faculty of Environment and Information studies, Keio University; 5322 Endo, Fujisawa, Kanagawa, Japan

座談会パート１：科学の不定性と東日本大震災

遠田 晋次[*1]，松澤 暢[*2]，宮内 崇裕[*3]

日時：2013年9月26日(木)午後1時30分〜午後4時30分頃
場所：東北大学地震・噴火予知研究観測センター 応接室

遠田 本日はお忙しい中，お集まり下さりありがとうございます．今日は，地震現象・地震科学における多義性や不定性，あるいはそういう面から社会に十分に理解していただけない部分や伝えきれていない部分に関してざっくばらんにお話できればと思います．

例えば，東日本大震災後，津波の想定が非常に大きくなっています．南海トラフでは，最悪30万人が死亡するとか，30mを超える津波がくるといった想定がなされていますし，原子力発電の規制委員会では活断層がホットな問題になっています．そういう形で地震現象，断層運動というものが注目されています．ただ一方で，なかなか真意が上手く社会に伝わっていないように思います．まずは，その点について話を進めたいと思います．

例えば，松澤先生は長く純粋な地震学の研究をされ，観測にも携わってこられました．長年日本海溝沿いの地震活動，海溝型地震を研究されてきて，そのなかで東日本大震災（以下 3.11）が発生しました．3.11前までに，M（マグニチュード）9.0という地震が起こるということ自体がある意味想定外だったとは思いますが，社会にうまく伝えられていたところ，それから伝えきれなかったところはどういう辺りでしょうか．

2013年12月24日受付 2014年6月4日掲載決定
*1 災害科学国際研究所災害理学研究部門国際巨大災害研究分野教授
専門は地震地質学．活断層の活動史調査などを通じて内陸地震の長期評価に従事．また，断層どうしの相互作用に注目し，地震活動の連鎖性に関する研究を行っている．近著に「連鎖する大地震」岩波科学ライブラリーがある
*2 東北大学地震・噴火予知研究観測センター教授
専門は地震学．主として海溝型地震発生の繰り返しメカニズムやプレート固着状態の研究に従事．日本の地震研究をリードしてきた．地震予知連絡会現副会長の他，地震調査研究推進本部の長期評価部会など，多くの主要な地震関連の委員会を歴任
*3 千葉大学大学院理学研究科教授
専門は変動地形学．三陸北部や房総半島などで隆起海成段丘の先駆的な調査研究を行い，海溝型地震との関連を明らかにしてきた．現在，原子力規制委員会の専門家会合の委員
下線については用語解説（pp.100–102）で説明している。

[伝わらなかったこと，伝えられなかったこと，分からなかったこと]

松澤　いろんな問題があります．ひとつ，反省しているのは，いわゆるアスペリティモデルについてです．アスペリティモデルとは，地震が起こる場所はあらかじめ決まっており，そうでない所は地震を起こさないで普段からゆっくり滑っているというモデルです．もう少し慎重な言い方をするなら，「アスペリティと呼ばれる場所は地震の際に高速の滑り(ずれ)が起こる場所だが，それ以外の場所も普段はズルズルゆっくり滑っていて，時には高速の滑りに巻き込まれて大きな地震になることもあり得る」というものです．ところが，いろんなところで分かり易く簡略化して話していくうちに，地震を起こす場所とそうでない場所にわかれるという二元論になってしまった．

そうしてみると，福島県沖では1938年の塩屋崎沖地震を除けば大きい地震を起こした記録がなかった．そのため，その福島沖では小さい地震しか起こさない場所だと何となく思い込んでしまったところがあったように思います．

つまり，社会に対して間違って伝えたというよりも，我々自身が間違って認識していた．それをそのまま伝えてきたのではないかということです．本日もある学会で話してきたのですが，兵庫県南部地震後の僕ら地震学者の合言葉は,「我々が知っていることが社会に伝わっていなかったので,専門家の知識をともかく社会に伝えよう」ということでした．だけど，今回の地震では我々が知っていることが間違っていたということを知り，茫然自失となりました．間違ったことを社会に伝えてきたのではないかという点が，神戸と今回の地震との大きな違いだと思います．

遠田　研究者側が正確に自然現象を認識できていなかったということが課題だ,ということですね．私も地震学にも少々関わり地形・地質学も研究していますが，やはり過去200～300年くらいの地震記録をもとに(それは非常に精度の高いものだと思いますが)やってきたことが反省点ではないかと思っています．

そういう意味では宮内先生は,八戸周辺の段丘の研究から始められて,数万年から数十万年といった超長期のスパンでの地殻変動をずっと研究されてきました．三陸沖，宮城県沖も含めて，普段発生していた地震とちょっと違うことが過去には起きていたのではないか，ということを以前から指摘されていましたよね．その辺りについてお聞かせ願えませんか．

宮内　いま松澤さんが言われたプレート境界型の巨大地震ですが，地形の分野からみると，それを詳細に研究している人はあまりいません．地質学でもそのことに興味を持っている人は意外と少ないのが現状です．地震地質学という用語や変動地形学という言葉で，地震性地殻変動像に対する理解が深められたのはここ20年くらいです．

そもそも私が三陸の海岸地形に興味を持ったのは，地震性の地殻変動というよりは，隆起・沈降がどのように現象や今ある地形を作り出すかということでした．ただ，20年位前はすぐ解けそうもありませんでした．しかし，過去の歴史記録として，房総半島の地震性隆起や，日本海側ですと象潟(きさかた)の地震性隆起，あるいは佐渡島の地震性隆起などがあり，そういうものをみていると，三陸の海岸地形はインターサイスミック(1つの断層運動と次の地震の間の期間)に何か突然隆起現象がないと隆起した海成段丘が残らないということに気づき始めました．そこで2004年から「三陸の隆起沈降モデルの構築」というテーマで科研費(科学研究費補助金)をいただいて研究を始めました．その時に唯一分かったのが，三陸海岸の北半分と南半分では少し隆起プロセスが違うのではないかということでした．北ほど累積隆起量が大きいという現象（調査結果）が出てきたわけです．

そこで，それを説明するには何が必要かを考えました．先ほど松澤さんが言われたように，プレートの境界型の地震については，宮城県沖地震も含めてアスペリティモデルが提案されていました．しかし，複数回のアスペリティ型地殻変動像を重ねても海岸の隆起・沈降を説明することができないのです．そこに松澤さんたち地震学の限界といいますか，方法論的な限界があると思いました．もちろん我々にも限界がある．したがって，何か相互協力しないと解が出ないという感触をもって科研費を終えました．そうこうしているうちに3.11が起きてしまった．これはもう本格的に解を出さないことには，いろんな所でプレート境界型の巨大地震が起きてしまうのではないかと危惧しております．

幸いなことに東日本太平洋沖地震津波の重点研究が始まりました．これに加わっているのですが，その結果，地震像が少しずつ見えてきました．また，当初は周期的なモデルが本当にあるかと考えていましたが，貞観地震の時に海岸は沈降ではなく大きく隆起した可能性が出てきたのです．そうすると，3.11の後になんとなく固有地震に準じているスーパーサイクルが支持されているけれども，本当にひとつの解（スーパーサイクル説）できれいに東北沖の地震発生像が描けるのかどうか，というちょっと違った見方や疑問が出てきました．そのあたりは，歪（ひず）みの蓄積過程と解放過程を他分野の人と議論し，今後詰めて理解をしなければ真の解は得られない，というのが最近の感想です．

遠田　地形からわかる長期的な隆起変動以外にも，津波堆積物の存在が震災前にずっと指摘されていました．例えば，産総研（独立行政法人産業技術総合研究所．以下，産総研．）の宍倉さんや澤井さんたちの研究グループからは，仙台平野を襲った津波の痕跡が数多く報告されていました．何か違うタイプの地震があるのではないかということが指摘されていました．そのあたりについてはいかがでしょうか．

宮内　その津波のデータも地形のデータも，最初は点です．しかし，それを多くの人に納得してもらうためには，やはり面的に示す必要があります．ただ，ひとつひとつの信憑性を高めるのも含めて，いろんな現象が同時に起きたことを実証していくには確かに時間がかかります．これが，すぐに多くの人に伝えられない理由です．

松澤　そうした点を面にしたのが，宮城沖重点というプロジェクトです．産総研のグループが精力的に研究されて，東北大学の今泉先生たちの調査結果も加わって，最終的に広範囲に津波襲来の同時代性が追跡できました．言い方は悪いのですが，貞観地震は稀な地震だったと思います．宮城沖重点のおかげで非常に広域的に同じ津波堆積物があるということが分かった．それでやっぱりこれはどう考えても宮城から福島沖に巨大なソース（震源）を置かなければならない（想定しなければならない）ということ分かった．あの段階では我々もアスペリティモデルでは説明できないことが過去に起こっていると認識しました．これを何とかして説明できるモデルを構築しなければいけない，まさしくそういう矢先に起こったのが，3.11だったのです．

先ほど皆さんおっしゃられたように，地震屋ができることはここまでです．地震研究者と地質学者の両者がなんとなく会話できるようになった，そういう10年だったと思います．あと10年，今回の地震が遅かったら大分違っていただろうと思います．地震本部（地震調査研究推進本部のこと．以下，地震本部）の評価も2011年4月には公表されるはずでした．3.11がもう少し遅れていれば，貞観地震についてものすごく広報ができたのではないでしょうか．よもやあんなに高い津波になるとは思いませんでしたが，少なくとも広域に，内陸奥まで津波が入るということは分かっていたことです．その点，返す返すも残念です．

［地震学者と地質学者で異なる断層・地震感］

遠田　私の印象では，1995年の兵庫県南部地震（阪神・淡路大震災）が，地震屋と地形地質屋が一緒に研究する契機になったと思います．というのもそれ以前は，やはり地震というと海溝型地震の研究が主流で，内陸の地震の研究している人は本当にマイノリティだったように感じていました．その後，やはり活断層というのが重要だということで，ある程度共同作業というか，一緒に研究するという姿勢が出てきたと思います．その状況で，地震学者も地質現象が重要だという視点が以前よりは大きくなってきたと考えています．その点について，松澤さんいかがでしょうか．

松澤　当時，地質学者の方々が「活断層というのは，内陸大地震が繰り返し発生していた場所だ」というふうにおっしゃっていたけれども，地震屋は必ずしもそうは思っていなかったと感じています．「たまたま地表近くで大きな地震が起これば断層が地表に現れて，結果的にそれを見ているのではないか」と考えている人が多かったように思います．歴史は繰り返すではありませんが，過去に「断層が地震の結果なのか原因なのか」という大論争が起こったのと同じように，活断層が脚光を浴びたときの多くの地震屋の反応は，「活断層といっても，単にたまたま地表近くで地震が起こったのを見ているだけじゃないか」というものでした．

宮内　その地震屋さんの持っている活断層のイメージは「そこに何か岩盤の亀裂があって，そこにたまった歪（ひず）みが大きく滑れば地形に地表に出るし，出ないこともある．それは偶然の産物だ」という程度に思っていたのでしょうか．

松澤　そうですね．それに対して僕が活断層研究者の方々に説明したことは，（あとから出てくるアスペリティモデルにも絡んでくるのですが）「地震発生層といえども，せいぜい10キロくらいの厚さしかない．そこで活断層の人たちが言っているようなM7を超えるような大きな地震が起こったら，地震発生層を断ち切るような地震だから，地表に出てくるのは当然だ」ということです．そういう必然的な地震の繰り返しをみているのだということをいろんなところで説明していました．なんとなく皆さんに分かっていただけたという印象はあります．

遠田　地震発生層とは何でしょうか．

松澤　地震はどんな深さでも起こるわけではなくて，内陸の地震でいえば浅いところの深させいぜい10数キロ，普通は深くても20キロくらいのところまでしか地震は起こりません．地震を起こす断層は長さが長くなると幅（深さ方向の長さ）も拡がります．つまり，M7の地震では断層の長さが20キロ～数10キロとなり同時に幅も大きくなります．そのため，M7を超えてしまうと，10数キロの地震発生層を全部断ち切ってしまうということです．

[短期間で結果を求める公共事業，真実を追求したい科学者]

遠田　兵庫県南部地震を契機に，新しく地震調査推進本部(地震本部)が立ち上がりました．当時，私はすぐにアメリカに出てしまったので状況を理解できていないところもあるのですが，日本の活断層をとにかく虱潰しに徹底的に掘ってしまえば，100%とはいわないまでも，非常に大きい内陸地震は大体予測できるのではないかという雰囲気があったように思います．結果的にその後の10年間は，皮肉にも主要な活断層から地震が発生せず，一部しか断層が地表に現れない地震が続いています(宮内：マスコミに「未知の断層が」と騒がれますね)．そういう意味では，兵庫県南部地震は地質学の重要性を考え直す良い契機ではありましたが，逆に地震現象というのはそんなに簡単ではないということも分かりました．振り出しに戻ったわけではありませんが，もう一回地震学的な方に揺り戻されたという感じがします．その点，いかがでしょうか．

松澤　あのときに活断層調査を推進された松田時彦先生は，地震調査研究推進本部のごく短期間で実施するブルドーザー的なやり方に関して批判的でした(これは後になって聞いた話ですが)．短期間でそんなに丹念な調査ができるはずはありません．しかし，国としては兵庫県南部地震を受けて一刻も早く国民の皆様を安心させなければならないということで，非常に短期間に予算が投入されてしまった．それが真相ではないでしょうか．

宮内　科学技術庁長官の田中真紀子さんが強力に推進されたことで予算がつきました．活断層1本に1億円という予算をつけた．100本で100億円です．これを10年でやれば大方のことは片付くのではないかという判断があったように思います．

地道な研究で解明しなければならないところが，公共事業的に始められてしまった．結果だけ出してきて並べればいいといったことになった．当然，調査の質が追いつかず，予算をかけた割には何もわかっていないということでお叱りを受けたことがありました．

松澤　非常に危惧しているのは今回も同じようなことが起こっているのではないかということです．宮内先生がおっしゃったように，本当の意味で防災に使うには，地道な基礎的な研究が必要だと思います．緊急で仕方がない部分はあるとしても，何か起こったあとにドンと予算がついて，手法や評価方法，出てきた結果を慎重に吟味することなく次から次に調査が進んでいくということが繰り返されているような気がします．

宮内　それは今の日本の基礎研究に対する予算の付け方の問題ですよね．

松澤　ただ，一方では自治体からの要請もあります．自治体は防災対策を自分たちで計画立てなくてはならないので情報に飢えているのです．

日本海側で活断層の探査プロジェクトが8年計画で始まります．歪み集中帯の北と南をさらに探査するというものです．しかし，西日本側は横ずれ断層が多いはずですから，構造探査をやってもどのくらいの情報得られるのかは疑問です．

宮内　それは陸海をまたぐような，すなわち日本海も含めた探査ですか．

松澤　海域が中心です．陸をなるべく入れたいと考えていたようですが，全部削られたようです．
　ある先生と話しをした際，「8年なんて悠長なこと言わず，もっと短期間に集中的に実施できないか」と工学系の研究者の方から言われたそうです．自治体，特に原発を抱えている県なんていうのはどうしていいのか困っているのだから，ポテンシャル評価などもっと短期間で実施しなさい，ということのようです．思わずムッとして無理ですと言ったのですが．
　でも確かにニーズとしてはあるわけです．だけどできることとできないことがあるわけなので，研究者はやっぱりその辺正直に言うしかないと思います．

宮内　その「できないこと」というのはどういうことでしょうか．技術的には地質の構造はイメージングできないではないでしょうか．

松澤　縦ずれ断層であれば反射探査で追跡できますが，横ずれ断層であれば活動史の評価はすごく難しいです．

遠田　縦ずれというのは地層が断層によって縦にずれることですね．

松澤　そうです．地下の地層の境界からの地震の波が反射してくると，断層を挟んで左右では反射面の深さが違っていると．すなわち，深さの違うその間に断層があって，それが何m食い違っているから，この地層とこの地層が何百年前だと分かれば，どのくらい活発な断層活動かが一応分ります．でも，反射法で得られる結果は縦の断面図ですから，横ずれだと地層の縦の食い違いが顕著に見られません．

宮内　岩盤どうしのずれだけだと何も見えないとしても，被覆層，つまり覆っている地層があれば横ずれであっても，見かけの縦ずれ変動位は分かりますよね．

松澤　非常に条件が良い場所で三次元探査をして立体的にイメージできれば分かります．それくらいの予算と時間をかけて丹念に調査すれば多分何かわかるとは思います．だけどあの広い日本海全体を8年でやるとすれば，一か所にあまり予算をかけられません．福岡県西方沖地震でも，直後に探査を行いましたが結局よく分かりませんでした．だからかなり難しいと思います．

[想定インフレ：最大規模予測の限界]

遠田　そのようにすぐに結論が出ないということで，すべて被害想定を大きくしてしまえとか，地震規模を大きくしてしまえという「想定インフレ」の傾向が最近特に強いように思います．また，「M7程度の内陸地震というものは活断層以外にもいろいろな所で起きているため，防災のためには，日本列島どこでも直下で地震が起こると思いなさい」と．そうすると科学者は必要なくなり，工学者が非常に大きい想定を考えて，そのための対策を打てばよいという話にもなりかねません．この点について，地震学もしくは地形地質学の立場から，どうお考えでしょうか．

松澤　そのような議論は他でもありました．南海トラフ沿いの地震について，中央防災会議や地震本部は，9.0とか9.1という評価を公表しましたが，原子力規制委員会の方が最大9.6まであり得るという評価をしました．しかし正直，最大規模なんて誰にも分かりません．地震研究者も地質学者も絶対ここまで大丈夫だという数字を出すことはあり得ません．言えることはおそらく，大きいものほど確率がすごく低いということだけです．こうしたことから，南海トラフの津波対策に関してもレベル1とレベル2とされていて，頻繁にくるのはレベル1の話であって，それに対しては工学的に対応することになっている．きわめて稀に起こるレベル2のM9クラスの地震に対しては，全く違うソフトウェア的な対処しかないということになっています．こうした二段構えというのは一般の方にはちょっと分かりにくい．それに加えて，時間のスケールを一切入れずに議論されているような気がします．原子力関連では，当然のことながら人間の普通の生活時間スケールを超えたところで考えなければいけないため，9.6ということを出したのだと思いますが，それは当然だと思います．

しかしこうした前提となる情報が全部省略され，ある人は8.7といい，ある人は9.1といい，ある人は9.6といっているかのように伝わっています．そうすると一番大きい9.6ばかりが一人歩きしてしまう．それをどうやって上手に伝えるかという課題があります．

最終的にどこにターゲットを合わせて対応を考えるかというのもケースバイケースだと思いますが，一般の方々はやはり100年とか200年のスケールを一番心配してくださいと言わざるを得ません．しかし一方では9.0とか，ほとんど確率的にゼロに近いけれども起こり得ることも認識してもらわなければなりません．起こったときに何が実際起こるのか．津波がどのくらい来るのかとか，そういうことを知った上で行動することは重要です．少なくとも知識として知っておいて欲しいということです．

東南海・南海で仮に9.0の大地震とか起こったとする，と岬とかあるいは駿河トラフ沿いというのは数分か10分くらいで1メートル以上の津波がくるという想定になっています．今回の東北の地震で人々が学んだのは，ともかく遠くに逃げなさいということでした．しかしそればかりが強調されてしまい，東南海・南海では，もしかしたら近くの高いビルに逃げ込めば助かったものを，無理して遠くに逃げようとして逃げ遅れるという人が出てくるのではないかという点を心配しています．

したがって，ハードウェアとしての対策とは別に，こういう地震が起こったらどういうことになって，それがどれくらいの危険なのか，ということだけは皆さんに知っていただきたいし，伝えていかなきゃいけないと思います．一方でその確率は非常に低いということも，安心情報にならない程度には示す必要があるだろうと思います．そこら辺のさじ加減は難しいですが．

宮内　啓蒙活動，教育活動を行っても，すぐには伝わらないですよね．

松澤　難しいです．僕自身，（地震の）確率ってどれくらいか必ず聞かれますが，それに対して答えを持っていません．

宮内　一般の人は裾野が広いので，学校なら授業の一環としてそういうことを話せば若い人はすぐ頭に入ります．しかし，ある程度の年齢になると，みんな地震は同じように恐いもので，レベル1もレベル2も差がないように思っている人がほとんどでしょう．ですから，そこに差をつけた知識を植え付かせるというのは，それなりに時間がかかります．したがって，共通に裾野を広げて教育しない限りなかなか難しい．稲むらの火じゃないですけれどね．

［高頻度中災害，中頻度大災害］

遠田　3.11後,「低頻度巨大災害」というキーワードがよく出てくるようになりました．これは我々災害研究所（東北大学災害科学国際研究所．以下，災害研．）設立のキーワードの一つです．ただし，やはり忘れてならないのは，「高頻度中災害」，「中頻度大災害」です．

南海トラフばかりが震災後に注目されるようになりましたが，M9とかの頻度に比べたらM7というのは単純に考えたら100倍発生する可能性があるわけですから，これらを忘れてはならないと思います．震災後には緊急地震速報の話題も非常に多かったのですが，これは活断層とか直下の地震というのは全く対応できていません．逃げる暇もなく，建物が壊れたらお終いという状況です．その辺の対策が最近少しおろそかというか，話題にならなくなっている気がして大変危惧しています．あと最近は地震のみならず，風水害も看過できないですよね．

松澤　おっしゃる通りだと思います．私は防災技術委員会というのに入っていて，そこで防災関係のプロジェクトの評価をやっていますが，ほとんどが地震関係です．確かに大事なのは分かりますが，気象災害のほうが毎年のように発生し，被害も確実に発生するので，そちらの予算をもう少し付けるべきじゃないかという議論はありました．

宮内　風水害，洪水はある意味では地形を作る作用といえます．これまでの地形の歴史を見るとおおよそ数十年に一回程度，洪水がないと地形ができません．だから地震に比べるとはるかに発生頻度が高いし，場所によっては今回みたいに大きな災害が起きる所もある．頻度が高いことは確かです．予算にどうやって優先順位をつけるかということも今後大きな課題だと思います．

遠田　地震だけに限っても，M9に耐えたのだから，M7は大したことはないというような雰囲気が一時期ありましたよね．でも全然揺れの性質が違うというのが，やはり一般の人には伝わっていないと思います．

1981年に建築基準法が変わったという意味では，今回の地震の揺れに対しては対策ができていたと思います．ただ，やはり内陸のほうで違ったタイプの地震が起きる可能性は十分に想定されていないように思います．

松澤　今回は，地震動の継続時間が長かっただけで，最大振幅だけみれば78年（1978年の宮城県沖地震．以下，78年．）とあまり変わりません．そういう意味では，78年の後，その反省でつくられた81年の建築基準法に従っていた建物にはほとんど問題がなかったはずです．被害の大きかった場所のほとんどは地盤災害です．たまたま建てていた家の下が崩れてしまったところが大きな被害を受けています．それ以外の被害は多くありません．私は78年のとき仙台にいましたが，78年はもっと酷かった．一番町（仙台市一番町商店街）では，あちらこちらでショーウィンドーが割れていました．今回のほうが町を歩いてみても，被害が少ないように思います．

宮内　ただ，今回の地震では仙台市はそんなに強い揺れではありませんでしたが，言ってみればジャブを受けた状態とも言えるわけですよね．ですから，長町利府断層のような活断層が次に動けば，弱り目に祟り目でもっとすごい被害になることは想定できるのではないでしょうか．

松澤　はい．特に長町の辺りは地盤が弱いのではないかと思いました．今回でも被害はかなりその付近に集中しています．今度地震が起きたら大変なことになると思います．

宮内　遠田さんがおっしゃったように，巨大地震のプレート境界型も心配ですが，こういう定期的に起こる内陸の活断層型の地震はもっと忘れずに注意しておく必要があると思います．江戸時代以降，かなりの頻度で発生している活断層型の地震は平均すれば20年に1回くらいでしょうか，そんな確率ですよね．生きているうちに4回か5回はみるという確率です．

松澤　おっしゃる通りです．一か所辺りの確率は低いとしても，日本中あちこちにありますから，必ずどこか動くことになります．

宮内　それがどこかって分からないところがちょっとね．

松澤　そうなのです．

[確率の多義性]

遠田　そういう意味では2005年に確率論的地震動予測地図というのが発表されました．予測図自体は大変画期的だったとは思いますが，一部研究者が誤解しているように(私も以前そうだったのですが)，大地震が発生した場所だけをプロットして確率の低いところで被害地震がたくさん起きていると主張しています．一見，世間の人に「全く逆じゃないか(確率の低いところで被害地震が起きている)」と思わせるような図が出てしまっている．確率自体の信頼性が非常に低下したとみられる部分があるわけです．

けれども，振り返ってみるとこれは伝え方が悪いのですね．というのも，一度海溝型の地震が起こってしまうと広域で震度6強とか6弱になるわけで，その意味で予測地図が「当たる」わけなのですが，海溝型地震があまり起きない状況で内陸地震がたくさん起きると如何にも「はずれている」ように見えるからです．ただ，直下型地震の震度6以上は局所的で面積は非常に小さいので，あの図が大きく間違っているということにはならないはずなのですね．科学的には．ただ，その辺りがうまく世間の人に伝えきれてなかった部分があると思います．残念なことに，研究者側でも理解できていない人が多いと思います．

松澤　できていないと思います．それは今回よく分かりました．本当によく分かります．

遠田　松澤先生が「研究者側がちゃんと理解できていないからそれが外にも伝わらない」と最初に指摘されましたが，これはおそらくその一例だと思います．

松澤　神戸の地震のあとに30年確率(今後30年以内に起こる地震の確率)に関して侃々諤々議論しました．30年確率なんて出せるわけがないし，もっと短いタムスパンはもっと難しい．だけど長いタイムスパンを出しても社会は一切使ってくれない．そこで，まちづくりのタイムスケール考えたら30年ってところがギリギリだということで30年となりました．こうした議論を知らない方から，何で30年なのかと矢のような批判を受けることになっています．

遠田　地震動予測地図が明確に伝わっていなかった部分はあったと思います．研究者も勘違いするくらいですから，世間の人はもっと分からないと思います．

確率値をどのように役立ててもらうかといった委員会(政策委員会成果を社会に活かす部会)などもありましたが，確率をどう解釈するか，どう防災に活かすかということは詰め切れていないような気がします．松澤先生は委員だったと思いますがいかがでしょうか？

松澤　関連の今の新しい委員会には入っていません．僕は長期評価部会(地震調査研究推進本部地震調査委員会 長期評価部会)というところの委員ですが，私自身は具体的なイメージを持っていないのであまり強くは発言していません．

そもそものスタートは神戸の地震の反省から来ています．自分が居る所がそんな危険な場所だと知らなかったという人たちがあの時はすごく大勢いらしゃいました．それを受けて，これではいけない，それぞれ自分がいらっしゃる場所がどのくらいのリスクがあるのかを伝えるところからスタートしましょう，ということになりました．その時には社会一般が望んでいるのはゼロイチの世界だったわけですよね．自分が生きている間に地震が起こるか，起こらないか．最終的に知りたいのはそれだけなのですよね．けれども，科学的にはそのようなゼロイチは出せないから確率にしましょう, それしか出せるものがないという所からスタートしています．でも今批判されているのは，こんないい加減なやり方で計算しているものを確率と呼んでいいのか，ということです．ちょっと計算上の仮定やモデルが変われば確率値が変わってしまう．

宮内　地形地質のデータが増えればまたそれだけ確率値が変わってしまう．かなりフレキシブルですよね．

松澤　ええ．その辺は金森博雄先生(カリフォルニア工科大学名誉教授)もやはり批判されています．金森先生から紹介していただいた論文を読んだことがありますが，結論から言うと，確率という名前を何か変えなきゃいけないなと思いました．確率で評価されちゃうと数字が独り歩きしてしまいます．確率60%と聞くと皆すごいと感じるわけです．なまじ降水確率が普及していますから，60%，30%とはどの位かと，何となくみなさん頭の中にあるのですよね．それと同じような感覚で捉えられてしまいます．

金森先生は，研究者が総意としてここが危ないといったらそれを尊重すべきであり，そういう情報をどんどん流すことはいいことだとおっしゃるのです．だけど確率何%って言われたって，そこに信頼度の問題もあるし，受け取った側がどうしていいか分からない．そういうことを考えると，僕は中庸として，何かインジケーターは出すけれど，確率じゃないもので表したほうが良いと思っています．

最初は確率のほうが分かり易いと思ったからそうしたのですが，数字だと分かり易いからみなさん思考停止してしまうのですよね．なんだか分からないインジケーターがあれば，逆にこれは一体何だろうと考えると思うのですよ．そっちのほうがむしろ良いのではないかと，最近思うようになりました．

宮内　そのイメージは数字ではなくて相対的なものでしょうか．

松澤　例えば，レベル１レベル２レベル３とかでも良いと思います．そこに解説情報を付ければ．

遠田　先ほど，1978年の宮城県沖地震の時には多くの建物の被害があって，今回はあまりなかったとおっしゃられました．ひとつには耐震基準が変わったというのがありますが，他方では，人々が30年確率98%～99%といった数字を知っていたことも大きかったのではないかと思います．そうであったからこそ，もうそろそろ来るという意識が人々の間にあり，多少なりとも準備ができていた．それは一つの重要な科学的成果だとは私は思います．しかし反対に，活断層関係では非常に確率の低い数値が出ている．数%という値は確率としては低いものの，冷静に考えると相対的には高い，ということへの理解がなかなか難しい．

加えて，確率を出すプロセスにもまだいろいろと問題点があります．特に，その元になるデータです．これは宮内先生のご専門だと思いますが，やはり地形地質からの活断層調査で，そんなに簡単に結論を下せるような事例自体が少ないと思いますが，いかがでしょうか．

宮内　少ないですね．私が今まで経験して比較的うまく出ているのは丹那断層です．トレンチ調査によって6000年間で9回の地震イベントが出てきました．平均すると800年周期くらいになります．このくらい過去の地震が検出できれば，確率評価もきちんとやれると思いますが，それ以外の活断層では過去の地震イベント（地震の痕跡と時期）が1つわかれば良いほうで，2つ出ることは多くありません．そうかと思えば，逆に糸静線（糸魚川静岡構造線．以下，糸静線．）のようにデータがありすぎて今度は整理に困ってしまうこともあります．

あとで話そうと思ったのですが，断層セグメントの問題も含めて，一生懸命やっても出てきたデータがうまく活用されないところが心配です．改善する必要があると思います．

［不定性下のユニークボイス］

遠田　私も経験がありますが，地質の情報は，数値として残しにくい部分があります．例えばトレンチ調査で露出した地層の断面に関して，地震が過去に2回あったという研究者と3回あったという研究者の二つの異なる解釈が調査当時にはあっても，最終的に委員会で3回に固定されてしまうと，それだけしか今後表舞台に出ない．一人歩きしてしまう．本当はいろいろな曖昧性，不確実性をその中に含んでいたのに，最後に出てきた結果がひとつに固定されてしまう．そういう問題があります．

宮内　地震本部の活断層分科会の議論の中でも，基本的には公表された論文の中から引用ということになっていますが，やはりデータが足りません．そこで追加・補完調査で上がってくる報告書，その中からピックアップして最大リスクの方向をとる，ということが何となく蔓延しています．それがプレッシャーになっている感じがします．それで，今言われたように2回か3回かといったら3回のほうをとってしまって，回数が多い，すなわち活動性を高くみるというような雰囲気はあります．

ただ本当にそれが科学的かと言われると，やはり意見が分かれたりします．

松澤　2回か3回で，回数を多くすると1回辺りの滑り量が小さくなります．そうすると，規模が小さいけれど回数が多いほうを取るか，規模が大きいけど頻度が低いほうを取るか，安全サイドに立つといってもどっちが本当のベストなのかよく分からない，そういう議論もありました．

宮内　逆に回数を多くして，最近起きた最終イベントは割と最近おきたことになると，次はしばらく大丈夫だと，安全宣言にも使われかねません．

遠田　安全だと言うことには難しさがあると思います．確率が低い，つまり最近歪みが解放されているので，しばらくは大丈夫だろうということは，論文には書けても社会になかなか発表しにくいことです．

一方で，先ほども話しましたように，「列島どこでもM7」ということになり，本当の意味で我々の調査研究成果が活用されないというジレンマもあります．

ただ，地球科学のデータ自体には，非常に不確実性・不定性が含まれているということと，実際に調査ができていないとか，データがない，分からないことがある点を一般の人々にも理解してほしい．以前ある地震学者の方からも指摘されたことですが，確率論的地震動マップも真っ白い部分があっても良いのではないかと思います．データがここの地域というのは少なすぎるので塗らない（宮内：評価できないと）ということです．そういうやり方も必要じゃないかと思いますが，「我々の地域はどうなっているのだ」という声を考えるとそういうわけにもいかない，ということなのでしょうか．

松澤　それはよく分かります．確率が低く出てしまっているところの色の塗り方も実はすごく考えていて，最初の案では確率の低いところはグリーンでした．しかしグリーンだと安全だと捉えられると思って，島崎邦彦先生の発案で，一番確率が低いところを黄色にしました．だけど，そのことをある人に言っても「えっ，そんな背景があったの．全然気付かなかった．」と言われる始末でした．私が言いたかったのは，その黄色の部分というのは確率が低いというのではなく，極端な話，もう不明とすべきではないかということです．他のパラメーターが変われば確率が上がってしまうような場所が多いと思いますので．それはそれで，また議論を呼びそうなのですけれども．

宮内　それも伝え方ですよね．黄色に塗るのか白抜きにして，白はデータがないから評価ができないと根気よく伝えないと，ここは塗ってないから安全だとされかねません．

宮内　昨日，地震本部で活断層分科会があり，糸静線の再評価結果を行うことになりました．極端に言うと「糸静は糸静ではない」という話になりつつあるのですが，それはさておき，あの長さがどのくらいの分割，つまり地震を起こす最小単位はどのくらいなのかということをきちんと決めないと，その後の評価文が書けません．

多くの方が様々な研究をされていて，データが日本で最も取得されている活断層帯ですが，その中でも古地震のデータ，構造地質学的なデータ，活断層のトレースのデータなど，いろいろなデータがあり，結局昨日は結論が出ませんでした．データがありすぎると一つの断層帯の中でも，調査地点によって地震イベントの発生時期がずれたりして，過去の地震の起きた時期が合わなかったりするのですね．そんなことがあり得るのかと思われるでしょうが，何かのデータがやっぱり足りないわけです．

昨日少し話題になったのは，仮に一つの地震を起こす一番短いセグメントが決まり，そのセグメントに隣接するセグメントが決まったときに，本当にここで地震が２つに分かれるのか，その重なり具合によっては１つの地震となり得るのか，少し議論になりました．つまり，過去の地震発生の時期や断層の連続を考えると２つの違うセグメントがあるのだけれど，同時に動いてより大きな地震を起こすかどうか，という議論です．

遠田　セグメントというのは小さめの断層，ひとつの地震を起こす最小単元の断層ということですか．

宮内　長さとして1つのセグメントは20キロ30キロくらいですかね．

遠田　それが隣接していると，時に連動して，より大きな地震を起こすということですか．

宮内　ピタッと分かれるのではなくて，糸静線では重なりながら存在しています．地震を起こすと，例えば北の二つくらいが動いたときに，南にちょっと伸びるとか，こういうことも考えないといけない．セグメントの概念を線で分けるなんていうことは本当にできるのだろうかなんていう意見も少し出ました．

遠田　繰り返しになりますが，断層と地震が1対1で対応していないという解釈でしょうか．

宮内　そのときの割れ方によります．ひとつの大地震は，複数の断層の連動によって起きると言いますが，その連動過程で1つの断層が動いて2つ目の断層に破壊が伝播したときに2つ目は全部割れるのではなくて一部にひっかかるくらいとか，まあ勢い余っていってしまうとか，そういう揺らぎのような動き方があるのではないかということです．そういう視点を持たず，画一的に一つのセグメントから一つの固有地震というふうに決めてしまうと，それで発想が止まるのではないかという議論が始まりました．

松澤　しかし日本全国一律で評価しようと思うと，やはりどこかでルールを作らなきゃいけないから，難しいですね．

宮内　その点が，地震本部の事務局が今一番苦労しているところです．どういう基準で活断層の最小単元を決めるのかという基準がないと彼らも一般に対して説明ができませんから．研究者は曖昧なことを言ってもいいのですけれども，事務局はやっぱりそうはいきません．それを文章化してくださいって，逆に要求されたりします．そんなことで昨日の会議は終わってしまったのです．

[観測データから見えてきた地震の複雑さ]

遠田　活断層の割れ方(動き方)もそうですが，観測精度の向上や，観測事例が増えることで物事が難しくなることもあります．70年代・80年代は「この活断層はこの地震」という単純な割り当てで説明してきたが，観測精度が向上したり，データ量が増えることで自然現象が複雑であることがわかってきました．例えば東海地震説のように，地震が起きていない「ギャップ(空白域)」があったからそろそろ危険です，という単純なモデルではなくなっています．全てのデータを説明しようとすると非常に物事複雑になる，ということが段々分かってきたというのがここ10～20年だと思います．

松澤　それから，例えば活断層の評価に関しては，放射性同位年代測定のサンプルが少なかった(例えば3つ位しかサンプルがない)時代はそれと整合するような解釈ができたのですが，データが増えてくると全てを説明するモデルが作れなくなってしまう．どれかに誤差が入っているけれども，どれが間違っているかが分からない．多分，いまそういう状況なんじゃないかっていうことを，活断層分科会で発言したことがあります．

データがもう一桁多ければ最小二乗法的に，一番誤差が多いこれを除けばいいんだということが分かりますが，今は中途半端でどれが間違ったデータなのか分からない．年代の若返りが入っているなど，いろんな問題があります．そういう難しさもあるのだと思います．

おっしゃられた通り，真実には複雑なこともあるということですね．一方でデータがなまじ中途半端だから悩んでしまっているという，そういう側面もあるような気がします．

遠田　プレート境界の固着状態やアスペリティの問題など，GPSや海底地震計の観測などでかなり分かってきました．一方で，例えば房総半島などのように，数年に一回ゆっくり滑るような現象が起きることも分かってきた．つまり，プレートの固着の状況はそんなに単純ではない，ということも分かってきました．そうすると，ある部分では予測精度が上がるのですが，ある部分ではより複雑になって不確実性が多くなり，本質がつかめなくなるということがあります．

宮内　データが増えた分，複雑化するのでしょう．しかし，ある意味では「真実が何であるか」を示してくれているわけですよね，そのデータが．

松澤　おそらくそうだと思います．あと，もう一つは先ほどから問題になっている隆起沈降の問題です．三陸海岸の長期的な隆起と地震性沈降の矛盾についても，色々考えられた結果，池田安隆先生(東京大学大学院理学系研究科，変動地形学)のようなモデルが出てきました．しかし，その通りのシナリオ通りに進んでいないですよね．だから僕らが知っていないことがまだある，ということです．科学の進歩というのは，そのようなものであって決してそれは我々が怠けているからでも何でもない．世間一般の方々は，「これだけ予算もらっていて，なぜ予知･予測ができないの．さぼっているからだろう」というふうに言われてしまうのですが，地球科学的な問題としての限界もありますよね．

[科学的とは何か]

遠田　そうですよね．「科学的とは何か」と，そういうキーワードがよく出てきます．今回，原発の専門家会合でも話題になりました．一方で，複雑系の科学という，地球科学独特の問題があります．ひとつは再現性がないこと，それからもう1つは手の届かないことをやっているということ．すなわち，手にとって確認することができない深部などの空間的な拡がりです．

代表すればこの二つだと思いますが，そうすると，我々のやっていることは一種の探偵みたいなことです．証拠をとにかく沢山集めてきて，どれだけ確からしいかということを示すしかない，ということになる．仕方のないことですが，それをもとに将来の防災に活かすという，非常に曖昧な危ない橋を渡っているところもあります．地球科学とはそういうものだ，ということをまず理解してもらうというところからスタートしないといけない．

松澤　結構，医療の問題に似ているところがあります．人間の体はまだまだ分からないところが沢山あるのですが，でも困っている患者さんがいて，ともかく対処療法でも何でもいいからできることをとりあえずやっていく．それは結果的に患者さんを苦しめてしまうことだってあるわけで，それについてどう思うかという医者が抱えている問題と同じ問題を僕ら抱えているような気がします．
　人体実験できないじゃないですか．彼らも手を縛られているわけですよ．僕らも無責任な実験(予測)はできない．それと，すごくタイムスケールが長いものを扱っているということが，さらに状況を難しくしていますね．

遠田　地質学には斉一説という考え方があります．これは地層に刻まれた記録を今起こっている現象から推定するということです．しかし災害予測というのは，斉一説を超えて将来を予測しなければいけません．必ずしも今起こっていないこと，過去にもの凄いこと，が起きていたかもしれない．
　地球科学独特の難しさに加えて，それを将来に外挿しなさいと言われている状況ですよね．例えば，地層処分の問題も出てくると思うのですけど，1万年予測でさえ非常に難しいと思うのですけれど10万年，100万年まで考慮しなさいという議論もあります．本当は簡単に将来に外挿できるものではないとも思うのですけれども．このあたりは宮内先生のご専門だと思いますが，地球科学的なスケールでの過去の動きが本当に安定して続いていたか，という点についてはどうお考えでしょうか．

宮内　日本列島では，背弧側(日本海側)は明らかに累積性で判断できます．そういう意味では上がったり下がったり忙しい太平洋側に比べればかなり安定していると思います．しかし，沖合に近いところで何か隆起イベントをもたらすような構造があったとすると，その評価がはっきりできない限りは背弧側でも地層処分はやはりちょっと難しいと思います．

遠田　ややテクニカルな話をすると，個人的には今回福島の汚染水の話が示すように，地殻変動というよりは水の問題が一番難しいのではないかと思います．まだ理解できていない部分が非常に多いようにも思います．

松澤　地層処分の議論の際に，地震屋，地球物理屋は何の役にも立たないだろうと申し上げたことがあるのですが，水の問題に関してはおそらく地質学者よりも地球物理系のほうが情報を持っているから，もしかしたら役に立つことはあるかもしれません．
　ところで，宮内先生が先ほどおっしゃった，背弧側，すなわち日本海側のほうであればまだ外挿できるかもしれないというのは，日本海側の背弧側全部ですか．それとも，東北ではなく，西南日本の背弧側の話をされているのでしょうか．

宮内　東北の背弧側は隆起傾向で，過去100万年くらい沈降したことがありません．地震に伴って隆起するかもしれませんが，そのブロック自体は全体が隆起傾向であって，水の流れが劇的に変わるなんてことはないと思います．

松澤　一方で，地震学的には明らかに背弧側のほうが地震活動が活発ですよね．とてもそちら側に最終処分場を持っていこうという気にはならないと思いますが．

宮内　例えばの話ですが，背弧側で花崗岩からなる山地の中央部に深いボーリングをして埋め込んでしまったら，そこは大丈夫かと言われれば，隆起傾向で地震は被るけれどもその中で静かに置いておく分には大きな問題があるのだろうか，と個人的は思います．

松澤　だけど地震学的には変な地震が起こる場所なのですよね．よく分からないメカニズムで地震が起こったりするので，我々としてはまだ完全によく分かっていないと思います．

［多面的評価，持続的研究の必要］

宮内　実際の処分方法は私も全部知っているわけではないですけれども，地下に空洞を作って保管するということですよね，基本的には．

遠田　処分の話もそうなのですが，原子力規制委員の今回の会合も，実は地学現象よりもっとしっかりと検討しなければいけない事項が本当はあるはずです．それにも関わらず，これだけ地球科学的側面にスポットライトが当たっているのは3.11のせいかもしれません．
　活断層が原子力発電所の安全性に非常に重要なのは分かりますが，例えばテロとか，他の要因のほうが，活断層の動きよりも確率が高いものがあります．それにも関わらず，地球科学的側面が非常に話題になっている．おそらく地層処分もそうだと思うのですが，そのことをもってして本当に地球科学が重要だと世間的に認められていることなのか，それとも何か一種のブームなのか．

宮内　何かブームですよね．

遠田　ブームによって我々研究する側があまりにも世の流れに揺さぶられすぎるのではないかと少し危惧しています．例えば活断層ですと，本当はじっくり活断層そのものが何であるか，例えば震源となり得る部分はどこで，ここはつられて動くとか，もしくは全く地震と関係ないとか，そういう議論をしっかりやるべき時期なのに，全てが急いで決断を迫られている．社会的にも注目されているということで仕方ない部分ではありますが．地震の防災でもそうですが，社会の防災とか減災とかいう部分と，基礎的にじっくり研究する部分というのをある程度仕分ける必要があると個人的には思います．

松澤　そうですね．ただ，テロなどの問題は多分世界中どこに原発作っても同じ話ですが，日本の特殊事情はやはり地震国であることです．こんな所に原発作って大丈夫なのかという議論は当初からあったはずです．それに対して，「地震の危険性をしっかりと評価して安全な場所に作りました」という建て前がおそらく現在問われているのだと認識しています．
　福島に関しては非常に安定な場所で，かつ大きい地震が起こっていないからという形で僕ら自身もある種お墨付きを与えてきた部分があったという気がします．それは反省しています．内陸の活断層のほうに関しては全然分からないのですが，一般の方々は電力会社に対する不信から多分スタートしているのでしょう．だけど，結果的に遠田さんがおっしゃる通り，じゃあ活断層さえなければそれでいいのかという，その根本的なところは確かに何の解決にもなっていないですよね．

遠田　地球科学が脚光を浴びるというのは別に悪いことではないのですが，それによって研究する側があまり影響を受けすぎるのもどうかなと思います．

松澤　必ずどこかで揺れ戻しがあるはずなので，それも怖いですけれどね．

宮内　原子力の問題も活断層だけで片が付くなんて，多くの人は思っていないとは思いますが，なんかここだけ今脚光を浴びて話題にされています．逆に言うと吊し上げられて，言いたくないことも言わされて，科学者としては窮屈ですよね．本来そういうことにあまり関係してこなかった人ばかりが突然マイクを付けられて「しゃべりなさい」といふうに言われたら，それはやっぱり本来やるべき仕事を忘れて，そっちばっかり特化して辛くなりますよね．

遠田　それと，やはり兵庫県南部地震の後に委員会がやたらと沢山できてしまいましたよね．これは以前から言われてきたことだと思いますが，防災関連の会合が多過ぎます．一本化できる部分が本当はあるのではないかと思います．確かに世間の要請もあって重要なのですが，優秀な研究者や大学の先生が，そういう会合にあまりにも時間をとられすぎている点が非常に懸念されます．あとは，この分野で若い人，学生がどんどん減っていますよね．地震の研究，活断層の研究をすることに夢が持てないのですよね．例えば，宇宙とかロケットの打ち上げとかと真逆の方向に行っていますよね．

松澤　宇宙も宇宙で，いま段々夢がなくなっているらしくて嘆いていらっしゃる先生がいらっしゃいました．先ほどから出ているラクイラの問題とか，原子力規制員会の問題とか，ああいうのはやっぱり若い人に対してディスカレッジしますよね．ああいうのを見たらちょっと研究者になりたいと思わない．

遠田　松澤先生が若かりし頃は何となく地震が予知できるという雰囲気で進んでいた，すごく希望がある時代だったと思うのですが，いかがでしたか．

松澤　昭和の高度経済成長期と同じで，現在は大変だけれど頑張れば何とかなると思えた時代です．それが今や悲しいことに，少なくとも私が現役のあいだには地震予知はできないと思えてしまう．

遠田　兵庫県南部地震の後，活断層とか変動地形の分野では専攻する若い人が少し増えましたよね．でもその後が続きませんでした．

宮内　一瞬でしたね．教室の再編なども進んで，そういう地形や地質の見方を教える教室が消えたところもあります．だから，この分野の未来を託せる人が減ってきていて，寂しいかぎりです．

[視野の広い研究者養成の条件]

遠田　それと，日本ではアメリカのように地球科学全体を履修するプログラムがありません．アメリカで活断層や地震の研究者と話をすると，お互い地質のことも地震のこともかなり知っていて，幅の広さを感じました．日本では，地理学専攻に入ってきても地形発達史とかはやるけれども，地震には興味がないので，それを防災に役立つ活断層研究のほうまで幅を広げる人があまりいません．そういう問題があります．

松澤　いま，東北大でいえばCOEで地学専攻と地球物理学専攻はかなり授業もクロスオーバーしながら少しずつは進展しています．ただ，アメリカほどには進んでいません．

いま私のところに学振プログラムで来日しているアメリカの学生によれば，全く分野の異なる二人の指導教員についているそうです．これはなかなか良いシステムだと思います．だから結果的に二人の話を聞く中で自分のなかで学際的な研究がだんだん芽生えていく．こっちの先生と上手くいかなくなっても，もう一方の先生の指導を受けられる．二重の意味でなかなかいいシステムだなと思いました．今後は，そういうシステムにしていくのも大事なのでしょうね．

遠田　一方で，我々の災害科学国際研究所は文理融合ということで，文系の先生とかお医者さんとか理系工学系みんな一緒になっていて，災害というキーワードを接点として組織を形成しています．理想だとは思うのですが，まだどういうところで一緒に研究していくか，現実的には非常に難しいという実感が少しあります．いずれにしても一個人が全ての分野をカバーする必要はなく，何人かでグループ作ってそういう研究を進める必要はあるのではないかと思います．

松澤　地球科学の中だけでも分野によって文化が違いますから，文理融合なんていったらもっと大変ですよね．工学と理学でも違うし，そこに文学・医学も含めたら全然言葉が通じないし文化も違うし，大変ですよね．

遠田　例えば，東大地震研究所では，古文書を原文からもう少し詳しく読み解こうというプロジェクトに取り組んでいるそうです．3.11の反省を踏まえれば，まだまだ原点に立ち返ってやるべきことはあると思います．

宮内　ある研究者から聞いたところでは，東北地方でも，昔の藩の記録などの古文書が県の図書館などにあるらしいのですが，スペース不足によりかなり捨てられているそうです．早くしないとそういう重要な情報が消失されてしまうのではないかということです．その人が東北地方を一生懸命歩いても，もう存在しないものもあるそうです．電子アーカイブにしているかどうか聞いても，もう必要もなく予算もないからとのことです．結局何も残らない状態になる．そういう意味では，災害研には急いでいただいて，重要なものは早く記録を残したほうがいいかなと思います．特に火山と一緒で，地震のことは天変地異で書かれているでしょうから．

松澤　それは災害研所長（座談会当時）の平川新先生が熱心にやられています．ただ本当に欲しいのは江戸時代以前の記録ですが，その場合，急激に数が減りますよね．

座談会パート2：科学の不定性と東日本大震災

本堂　毅*1，松澤　暢*2，宮内　崇裕*3，遠田　晋次*4

［科学教育への教訓］

本堂　市民が科学をいかに理解しているかという点が話題になりましたが，背景には私たち理学部の人間が関わる科学教育の問題があると思います．市民の科学教育，科学リテラシーというものは実は私たちが作っている部分があると思います．

現場の科学に携わっていて，かつ社会とも接点を持っている方が，科学教育の問題をどう思っているのかは重要で，科学教育のカリキュラム改革に必要な情報と思います．中学校とか高校の理科でどういうことを教えるべきか，どういうことを知ってほしいとかなど，お話を伺わせてください．

松澤　これは前に本堂さんともお話したことですが，いま高校とか中学とかで教えられていることは確立した学問として教えられているところが多い．しかし，僕らが習っていた地学の教科書といまの教科書は全然変わってしまっています．特に地球科学関係は一番その変化が激しいところです．教える先生には，できるだけ最先端ではあるがこれはまだ怪しげだということについても教えてもらえたらと思います．そうすることでも決して間違った方向，変な方向に行かないと思います．例えば，東北大学の物理に入る学生のほとんどは天文に行きたがるわけで，三分の一くらいは天文志望です．だけど，宇宙論というのはまだよく分からないということで興味を持って夢を持ってきてくれるわけです．地球科学もまだまだこんなことが全然分かっていないということを活き活きと教えたならば，もうちょっと地球科学に興味を持ってくれるという気はありますね．もう死んだ漬物になってしまったような科学じゃなくて．活き活きとしていて，まだまだ発酵していて，このあと何が生まれるか分からないような，そういう科学なのだということを教えてほしいと思います．

2013年12月29日受付　2013年12月30日掲載決定
*1 東北大学理学研究科准教授
*2 東北大学地震・噴火予知研究観測センター教授
*3 千葉大学大学院理学研究科教授
*4 災害科学国際研究所災害理学研究部門国際巨大災害研究分野教授
後半（パート2）では，編集委員の本堂も加わり，科学教育やリテラシーなども含めた話をした．

宮内　例えば，自分が受験生の頃に比べると地学の入試問題の内容がかなり広くなっていることは確かです．例えば，地学には地形のことは昔はほとんど出ませんでした．けれど今は地理Bよりも地学のほうが地形のことをよく教えています．地理のほうは本当に形式的な地形の要素，扇状地だとか河岸段丘とかその程度で，活断層はむしろ地学Ⅰの中に入っているんですね．そういう意味では少し裾野が広がっていますが，結局地図を見せて地震が起こります程度くらいのことで，仕組みを教えているわけではないし，それを研究したらどんなことが分かって面白そうかという夢がないんですね．全般的に地学の教科書はそんな状況です．でも，化石には夢があるんですね．語らなくても．化石に与えられた宿命みたいなものがあるのでしょうか．

松澤　結局，宇宙論と同じで，はじまりというのは非常に過去だから分からない．化石も非常に過去のことだから，まだこれから変わり得る可能性がある．ティラノサウルスに毛があったのではないかという話もこの間ありました．そういうロマンがある．それで，地震は現実に起こっている話だからかなり分かっているんだろう，というふうに思われている気がするのです．そこが難しいところですよね．

遠田　お二人は高校のときに地学は履修されていましたか．
松澤　僕は地学Ⅰだけとっていましたね．

宮内　もう必修でしたね．
遠田　私は高校のときに地学の先生がいませんでした．そもそも地学が開講されていない．
松澤　我々の世代には地学ⅠⅡというのがあって，理科の科目はⅠだけは必修でした．Ⅱが選択で．
遠田　理科Ⅰという科目で，少しだけ勉強するという状況でした．
松澤　僕らの世代は「日本沈没」世代なので教科書がどんどんどんどん変わっていった時代です．ただまだ，日本沈没でもそうですが，地向斜でもっていろんなことを説明していた時代ですよね．それが今やもう地向斜なんて見る影もなくなってしまった気がします．

宮内　むしろ大学教員になって，小中高で教える学生さんにこういう内容を理解していただく，大学の基礎教育のところがちょっと心配かなと感じます．教育学部なども現在はカリキュラムをこなすので精いっぱいです．災害に絡むような地震のことを教える先生はほとんどいません．気象現象に関してもごく一部で，そういう意味ではジリ貧です．教育学部のレベルでは，いま心配されていることが実際には全然広まっていないですよね．しかも定員削減で先生が次第に減っているので専門性はなくなっていきます．私も教育学部の先生に頼まれて，もしくは必要にせまられて，災害に絡んだところを話しに行きます．変な話ですが，要するに津波が来たら逃げましょう，というように小学校の先生が知識がないと大川小のようなことになりますので，実例を出して少し警鐘を鳴らしています．その足し算がないと全然世の中に広がっていかないです．普段公開講座で話をしても一過性のものであって，やはり頭に残らない，体に残らないところがあると思います．

［身につくための教育］

遠田　体に残らないというと，地学は，やっぱりフィールドワークが重要ですよね．中学高校でも新たな地震計で実際に観測している状況とか，野外実習があれば良いと思います．

松澤　一過性がいかにダメかというのは，貞観地震の話でわかりました．というのは，仙台で何回か貞観地震に関するシンポジウムを開いて，一般公開では産総研の岡村行信さんにも話をしてもらったのです．その時点では少なくとも宮城県のレベル，情報防災課レベルでは皆さん知っていると思っていました．

しかし，そうではないのです．「もうすぐ貞観のことを踏まえた津波被害想定の見直しが行われます．こんなに大きな地震が起こったという評価が載ります」という事前説明のために2010年に宮城県に行きました．県の消防防災課はみんな知っていることですから，説明は不要ではないかと申し上げたのですが，課長が「そんなことないから」と言い返されました．行ってみて分かったのは，ほとんど皆さん初耳のような顔だったことです．当然，県の中も，人事異動があるので仕方が無いのですが，でも全部が全部入れ替わったとも思えない．多分そんなに危機感持って聞いていらっしゃらなかったのかなと，ちょっと考え込みました．

遠田　あと，良い意味で信じ込ませないとダメですよね．

松澤　そう．始めの話題に戻りますが，今振り返ると僕ら自身が危機感を持っていなかったからかもしれません．研究者が危機感を持っていないならば，一般の方にはもっと危機感が伝わらないのだろうなと思いました．

もうひとつは宮城県沖99%の件です．あれはいろいろ批判がありましたが，やっぱり，その確率値が宮城県内に広がるのに少なくとも5年はかかっています．だから貞観地震も地震本部のほうから評価が出て5年経てばずいぶん違ったという気はします．ここでこういう津波が来たという事実が公表されれば．宮城県沖99%というのはどの位のレベルで広がったのか教育のレベルで広がったのかメディアで広がったのかよく分かりません．おそらく，両方なんですね．そういう形で国民に危機感を広げていくしかない気がします．

[教員免許更新講習]

宮内　教員免許のライセンス更新では，夏休みに実習・講義を受けましょうと奨励されています．教育学部と理学部で一応形式的にセットして，防災に絡んだ話も立てるんですけれど志願者はゼロ．自分の出身教室，教育学部のところだけ受けて，新たに勉強しようという意欲は小中高の先生にないですよね．一生懸命準備しても結局ゼロだと開店休業です．来年はやめましょうということになります．もう二，三回空振りです．裾野を広げたくても，そういう機会を折角作っても，全体の意気が上がってこないのが現状です．

松澤　東北大は逆でした．最初の年に理学部のいろんなところが出したんですよ．地球物理学分野には，結構受講者が来ました．地震だけではないですが，地震と気象と惑星と全部やりました．地震関連は何をやりますと書いておいたのが良かったのか悪かったのか分かりません．ただ，文科省の指導として，その時に試験を実施しなさいと指導されるのですよね．試験をやって落第するとその人はダメですよと．だから先生方はものすごく戦々恐々としているわけです．年配の先生ですと，その日に習ったことには答えられるわけがない，というわけです．だからある程度自分が知識を持っている教科じゃないと怖くて受けられないのが正直なところだろうと思います．

宮内　それはある意味では文科省の制度設計の問題ということですかね．

松澤　うちは先生方を安心させるために，試験中は資料は持ち込み可としました．試験問題を一日で覚えられるとは思わないので．ただし，「重要なことは資料に書いてません．口頭で述べますからちゃんとよく聞いて下さいね」というスタンスで実施しました．何かちょっと工夫しないと先生方は気の毒です．レポートではだめというのが文科省のスタンスなんですね．

宮内　東北大学の場合は，理学部を出て教員になって，ライセンス更新で母校の理学部に来たいっていう人はいるかもしれません．でも，千葉大あたりだと教育学部という教員養成課程があって，そこから九十何パーセント教員になっています．大学に戻ってきて，わざわざ理学部の小難しい授業を聞くよりは，教育学部で恩師に会って楽な道を選ぶのかなあと思います．

松澤　そうかもしれないですね．うちの場合は一応理学部を出て教員になった人がいるから受け皿作らなければいけないという，ある種義務感からやっています．しかし，蓋開けてみたら全く関係ない先生方が多く来られました．意外でした．ただご指摘の通り，近くにもっと楽な選択があれば，そちらに流れてしまうというのは確かに分かります．

宮内　本当はそういう機会が一番，大学で最先端で役に立ちそうなことが伝えられる良い現場です．小中高の先生がそれをまた勤め先に持って帰れば役に立つと思うんですけれど．

松澤　地震学会の学校教育委員会にもそういうところがあって，非常にいい機会だと議論されています．地震学の最新の知見をフィードバックする良い機会だということで，地震学会自身がそういうコースを開講しました．

［伝えること，伝わること］

松澤　先日ネットでたまたま見つけた話題として，「プレートテクトニクスは間違っている」というのがあります．よくある話ですけれど．プレートが沈み込むと跳ね上がるというマンガがありますが，それを根拠にしているのです．こんなことが実際起こるわけないでしょうと．それはそうですよね．確かに冷静に考えると起こるはずもないです．あのスケールで考えてみれば．実際，一万分の一ですから，動くとすれば一ミリとかそんなスケールです．あんなアニメーションで描いても何にも動いているように見えないわけですよ．あれは模式図ですから．

遠田　模式図ということを分かっていない人がいるということですか．

松澤　そう．強調されているのだということを分からないのです．これは怖いなと思いました．

遠田　いろいろな人がいますね，世の中には．

宮内　その位やっぱり受け手はレベルが違うということです．人によって随分ね．

松澤　これはあくまでも強調している図ですよということをわざわざ言わないと，説明を付けて．

本堂　逆に，保守的になって，細かいとこまで厳密にしすぎると，今度は伝わらなくなる．

宮内　煩わしくなってね．

松澤　今コンピューターゲームやなんか，映画でもコンピュータグラフィック(CG)とか入りますね．いまCGは物凄く物理法則が適用されているのですよね．運動方程式を解いてどの位の落下速度になるかとか．だけど，その物理法則通りやるとリアルじゃないのですよ．多少誇張が入るときがあるのだそうです．そのほうがリアルになる時があると．多分もうそんなものだろうなと思いますけれどね．

本堂　人間の視覚なんかも，興味本位で見ているときは倍率上げて見ていたりしますね．

松澤　地図の標高って実際は人間の感覚の5倍くらいだってよく言いますよね．地形とか書くときに縦横比5倍くらいにすると何となく人間の直観に合うといいます．だって，傾斜45度の斜面というのはスキーで降りたらもう絶壁じゃないですか．でも45度といったらふつうに断面図描いたらこのくらい降りられそうだと感じますよね．だから，人間の感覚ってなかなか物理法則通りにいかないものです．面白いなあと思います．

［日本の科学教育］

本堂　阪大の小林傳司さんは，高校理科の教科書に「科学では分からないこともある」ということを書こうとしたら検定で落とされたそうです．
(一同驚き)
　これはかなり有名で，今では霞ヶ関でも知られています．
松澤　それは何年位前の話ですか．
本堂　10年位前だったようです．
　そういう教育では，こちらが伝えようとしたことが伝わらないわけです．仕組みというか教育全体の問題があります．

スタッフ**　(一般人の素朴な意見として)教科書に記載してあるか，ないかは，かなり大きいと思います．これからはそういったことは記述されるのでしょうか．
本堂　今までよりは記述されるのではないでしょうか．同じように書かれたものがいま提出されたら，落とすということはないのではと思います．
　ただやはりそれをどう伝えていくか．下手にこれを「分からない，分からない」というと相対主義ということになるのですよね．
松澤　そうなのです．
本堂　そのバランスが難しいですよね．

松澤　権威主義に陥る人たちと，逆に今度は現在の科学だって何も分かっていない，としてトンデ

**　座談会の収録補助，書き起こしを行った．大石亜依(東北大学大学院理学研究科　研究支援者)

モ本の世界と同一に見られてしまう可能性があります．そういう疑似科学の話と科学とは相対的に同じでしょうという議論が巻き起こるので，その辺のさじ加減・伝え方が非常に難しいですね．

［海外の新しい取り組み］

本堂　イギリスでは「リテラシーとしての科学教育」を高校で教える新しいカリキュラム開発をスタートさせました．前に少しお話しましたけれど，それがやはり難しいのです．全てがストーリーか相対主義のように思われしまう可能性もあるようです．あと教員がうまく教えられないという問題も起こっているようです．社会との関係を意識させながら教えることを，旧来の理科教員が出来るかという論争になっている．今注目しているところなのですけれども．
松澤　それは狂牛病問題の反省からでしょうか．
本堂　それがやはり契機になって，特にロイヤルソサエティ辺りの人たちが，これはまずかったというので，理学部とか工学部に進むためのカリキュラムとは別にリテラシーとしての科学が必要だということのようです．高校の1，2年はリテラシーのほうに集中して，あとそれにプラスして，理学部や工学部にいく人たちは旧来のデシプリン型というふうに変えたのですね．そこでいろいろ論争になっているのですが．
　フィンランドは，討論型の理科教育に変えました．あれはなぜ実現できたのかを知るために僕たち東北大のメンバーで視察に行きました．カリキュラムを変える前に5年くらいかけて教員の養成プロセスを変えたようです．当時は学部卒で教員になれたのを修士に上げて，今いる教員にも再教育を数年かけて行い修士レベルに上げました．それを実施してから討論型の教育に変えたので上手くいった．いきなり「討論型にしましょう」って投げたところで回らないですよね．
　仕組み作りをしっかりやっていかないと．理科教育として考えたら単にカリキュラムを変えるだけじゃなくて教員養成から何からセットで変えないとならないだろうし，そこをどうするかというのは結構大きなテーマです．
　どこから手をつけるかとか，その他いろいろ．
松澤　その討論型の教育というのはアメリカみたいなスタイルですか．
本堂　アメリカ型のスタイルかどうかは分からないのですが，子供たちのディスカッションをエンカレッジさせるものです．こういう場合はどう考えるかとか．そういえばアメリカの大学教育では討論型ですよね，ハーバードの白熱教室のようなやり方とかを，理科教育でもやっていて結構使われています．

松澤　結局，問題は，アメリカのやり方が上手くいくのは宿題があるからです．宿題で事前に資料読んでくるように言うから，知識は伝わった上でディスカッションを行うのでプラスアルファの相乗効果が生まれるのですよね．でも初等教育でそれを行うと，その時間がとられてしまい知識の伝達ができないから，実際はどうするのかなと思いました．

本堂　フィンランドでは少なくとも中学校には討論型を取り入れているというのは知ってます．小学校はよくまだ知らないのですが．
松澤　日本でも，そういうこともやりたくてゆとり教育が生まれたんですよね．それで，教科書薄くして，その代わりなるべくいろいろなディスカッションをやったり何か他の活動をしましょうよと．その目的意識は正しいと思うのですが，実際問題としてはなかなか難しいですよね．

宮内　ディスカッションのためにも，知識がないと言葉が出てこないですよね．
2，3日前，西日本のどこかの町で，小学校の高学年だったと思いますがiPadを子どもたちに持たせてそこに情報を提供するので予習するようにとのプログラムがありました．それで，討論型の授業をするということでした．
iPadにその先生の授業みたいなものも半分ほどビデオで載せて，みんな見てこいということです．どの位事前に見てくるかは知らないけど．どこかに先例のモデルがありそうですね．
本堂　フィンランドはとりあえずは問題なく回っていると聞いています．実際に成績も上がっています．
その辺をうまくバランスとりながらやっているんだと思います．数学の成績もフィンランドは高いですしね．
松澤　多分教える側の技量ですね．
本堂　その教える側の技量を上げたからですね．
松澤　そうじゃないと形式だけ真似しても日本ではうまく回らないですよね．

本堂　教員養成込みでシステムとして改革したので．
宮内　それは制度設計が良かったということ．
本堂　そう．それと，お金もすごく注ぎ込んだ．フィンランドはロシアに負債があって，それを払い終えて，お金に余裕ができた．その時にそれを国の方針として教育に投資した．
フィンランドは人口が500万人くらいしかいないので，とにかく人が大事だそうです．湖のほうが人口より多いってよく言われる．とにかく人が大事なので落ちこぼれを出す余裕はないそうです．一人として捨てられないと．全員よくしないとこの国は回らない．それで莫大なお金を注ぎ込んで，成果に出ている．

松澤　日本もそうだったのですよね，全員を底上げしなきゃいけないという考え方が日本の学校教育の根底にあったはずなのです．

[オープンクエスチョンを含む理科教育]

本堂　東北大はその辺の理科教育は結構真面目です．僕が加わっている全学教育の理科実験は科学の営みを伝えることが目的です．知識よりはまず科学の営みです．だから営みを伝えることによって不確実性も全部入ってくるわけです．そう意図して制度設計しているので視察も多く注目されている．理科実験教育は文科系にもやっています．実験をやると失敗したりしますよね．それが良いと考えています．いつでも正解にたどり着けるわけでもないし誤差もある．それを体験させるのが大事だというので，文科系にも実験を入れましょうと．文科系に対して理科実験教育をやっているのは，大きな大学だと東北大と慶応大だけです．慶応大学は福沢諭吉の教えです．だから商学部とか法学部にも物理の先生がいます．

松澤　わたしの高校は実験がとても熱心な高校でしたが，友人で実験嫌いになって数学科に来た人がいます．その理由はその実験のレポートをしょっちゅう書かされるからだとのこと．もうひとつは，当然のことながら実験だと理論通りにならないからです．
結局，それを全部測定誤差のせいにされてしまう．答えありきなら別に実験することないじゃないかと，嫌気がさした．でも実際に高校の実験ってそうですよね．演習と同じだから答え分かっていることをやるわけなので．
本堂　例えば東北大の実験だとオープンクエスチョンのものを入れています．学生には，誰も答えを知らないようなことを考えてほしいと．そうするともういくらでもレポート書いてくる学生が出てきて．
松澤　それが本当の意味での実験ですよね．

本堂　これは単に地球科学だけの問題ではなく，いろんなものに関係すると思います．

[分かりやすさの落とし穴]

スタッフ　松澤先生がパーセンテージじゃなくてレベル１とか２とかの形での地震の情報提供とおっしゃっていましたが，最近のニュースで熊本県阿蘇山の噴火警戒レベルが１から２に引き上げられたという報道がありました．私はその「レベル２」の意味がさっぱり分かりませんでした．やっぱり受け手としては何パーセントに引き上げられたと言われたほうが分かり易いように思います．そういう一般人の意見が多いとパーセントでの提供の仕方を求められてしまうのだろうなと思いました．
遠田　我々もすぐには分かりませんでしたよ，レベル１とか．
スタッフ　えっ，そうなのですか．
松澤　神戸のあとは分かり易さを優先したのですよね．でも結果的にそれがあたかもすごく正しい数字かのように受けとられてしまった．そのことがやはり反省点としてあるので，そこは何とかしたいなと思います．今回の南海トラフの確率も，東海も宮城沖もそうなんですけれど一度高い確率にしてしまうと，そのあとなかなか下げられないのです．
スタッフ　天気予報みたいに新聞に定期的に載せられたらいいのでしょうか．
宮内　でも，そのパーセンテージの数字のとらえ方も難しい．活断層の場合８パーセントというのはもう地震が起きてもおかしくないわけですよね．
スタッフ　８パーセントがですか？！
宮内　そういうモデルなのです．モデルの違いがきちんと理解できないと出してもあまり意味がないんですよね．
スタッフ　難しいですね．
松澤　昨日の講演会で関西から来られた方から「自分は山崎断層のすぐ傍に住んでいるんだけど，山崎断層で地震は起こるんですか」と聞かれました．「確率はすごく低いんだけれど，生きていらっしゃる間に起こる可能性は低い．でも明日起こったとしても地震屋さんは『やっぱり』というでしょうね」と応えました．そういうレベルの話ですと．

本堂　その発信現場のニュアンスまで含めて伝わらないと，数値だけ先走ると怖い．だからレベル１とか２とか，数値じゃない表現の方が良いのでしょうか．
松澤　私はそちらが良いのかなと思うのですが．
スタッフ　そういえば，そもそも天気予報のパーセンテージの出し方も正確にはよく分からないまま感覚的に見ています．
松澤　降水確率もかなり誤解されて伝わっていますよね．

スタッフ　例えば10%といっても激しい雨が降るときは降るということを小さい時は知りませんでした．ある程度成長して初めて知ったときは驚きました．
松澤　雨量と関係ないので．最近は，確率ではなく降水量予報を出しているサイトもありますよね．そっちのほうが直感に近いからということですね．降水確率は1ミリ以上の雨の降る確率を出しているだけなので，この間みたいに一晩に何十ミリ降るとかいうのも確率は同じになってしまいます．

遠田　特別警報とか数十年に一回といっていたのにすぐきましたね．
宮内　気象庁としてはにんまりじゃないですか．作ってすぐ発令できたのだから．
本堂　それがまた何回も続けばそれはそれで．
宮内　オオカミ少年みたいになっちゃって．
本堂　だから難しいですよね．
遠田　あと，数十年に一回ではなくなりますよね．
宮内　何年に一回というのが毎年出たらね．

松澤　でもその場所に関してはそうなのですが，同じ基準でやると過去20年に日本全国で18回だったかな，その位の頻度なのだそうです．先日ニュースで言っていました．でもそのうちの三回が今年起こってしまったと．いかに今年が異常だったかがわかります．
　だから，「今まで経験したことのない」というのは僕はいい表現だと思います．今回の3.11は実はまさしくそうで，「皆さんが持っている過去の経験がまるで役に立たないことが今起こっています」というメッセージをどこかで出さなければいけなかったのですけれどね．
本堂　ハザードマップのちょっと外に逃げた人に対してはそうですよね．今までの想定じゃないことが起こっているということですよね．
松澤　そうですね．
遠田　そこがなかなか難しいのですが．

（沈黙）

松澤　ともかく，僕は今まで「一般の方に分かり易くするにはどうしたらいいか」と考えてきて今ここの状態にあるわけです．結果的に，それがすごく信頼度が高いものかのように誤解されるのであれば，むしろ分かりにくいものにしたほうが良いのではと最近思うようになりました．分かりにくいものであれば皆さん一生懸命考えますよね．このレベル1とは，どういう意味なのだろうかと．竜巻のスケールも2とか3とか言われても何か分からない．しかし，今だったらWikipediaで簡単に調べられます．
宮内　あと1から10まで全部教えてしまうとダメだっていうこともあります．教育もそうですが，自分で調べると理解が深まります．
スタッフ　なるほど．噴火レベル1や2も，どんな意味なのか自分から調べてみれば良かったです．
松澤　竜巻の話でビックリしたのは藤田スケールの一番上というのは今まで起こっていないレベルとされているのですよね．最高のレベルにプラス1を置いているのです．あれは考え方として正しいのだろうなと思います．

[マグニチュード10]

遠田　地震もマグニチュード10の話がありましたよね.
松澤　そうそう. 9.5が最大だけれど, 10くらいまでは考えておくことが必要だろうと.
遠田　地震予知連絡会(以下　予知連)で発表されたものでしょうか.
松澤　そう, 予知連で話をしました. でも失敗しました. 要するに研究集会で話をして, その内容が面白かったから予知連の重点課題のコンビーナ(世話役)をしていた佐竹さん(東京大学地震研究所佐竹健治教授)に「予知連で話して」と言われて引き受けたのです. でも, 考えたら予知連の内容は全部公開なのでメディアにも出てしまい, それがあたかも僕が主張しているかのように報道されてしまいました.
本堂　僕もその話は知っています. でも経緯は知りませんでした. やっぱりそういうことですか.

松澤　そうです. そこで主張したのは別にM10が起こるといったわけではなくて, 今まで起こった過去最大の地震プラス1くらいまではとりあえず考えておくことが大事ではないかということです. これは今回の津波の警報の反省から来ています. 気象庁は東北沖地震の最初の初期破壊のところでM7.8を出してしまいました. それはあそこで起こる地震の想定がM8だったからなのです. M8.1が最大として想定されていて, それとほとんど変わらなかったから何の疑念も思わずに出したようです. だけどもしその時にM9が起こったらどういういうことが起こるかを事前にシュミレーションしていたら, 今まさしくそういうことが起こっているのだと多分わかったと思います. あんな地震動の継続時間が長いものがM8クラスのはずはありません.
　しかし僕自身も実際現場にいるときに最初は何が起こったか分かりませんでした. とんでもないことが起こっていることは分かりましたが, 一体何が起こっているかは分かりませんでした. それはM9だってことが僕の頭に全くなかったからです. 後になって思えば500キロの断層が破壊されるのに3分くらいかかるのは当然です. 3分継続したということは500キロくらい壊れたと思うべきだということは後知恵で分かるのですが, もしそういうことを事前に計算していれば直後の対応は多分違うと思います.
　だからといって, そのために何か事前に準備しろとはいいません. 多分それはほとんど無駄に終わるからです. でも, M9が起こったらそれは何を意味するかというシミュレーションはしておいたほうがいいだろうということで, 今回それではM10もシミュレーションしておいたほうが良いということを予知連で主張しました. そしたらM10が起こるかのように. そんなつもりはなかったのですが.

[行政判断の多義性]

宮内　気象庁の担当官というのは当然地震に詳しいと思います. しかし, 例えば地質学的なバックグランドとかそういうことは若干勉強するのでしょうか

松澤　あの時の筆頭責任者だった方は地震調査研究推進本部に出向していた方なので, 本来ならば知っているべきだと批判をする方はいます. だけど僕がその時現場に居たらすぐ出せたかといわれると, やっぱり躊躇しただろうと思います. 一年前, チリの地震の津波警報を出して, 実際にはほ

とんど津波が来なくて気象庁が袋叩きに遭いました．あのことが多分頭の中によぎったのではないかという気がします．実際今回も，一年前のことの経験があるから，津波警報出してもまたどうせ引くに決まっていると思った方が大勢います．一年前のチリの地震の過大評価があとあとまでいろいろな意味で悪い方に働いてしまいました．

宮内　そういう意味では気象庁の方々も気の毒です．いつも，まな板の鯉状態なのですよ．

松澤　いつもそうなのです．

宮内　それが仕事といえば仕事なのだけれども．

本堂　地震に限らず，多くの研究は未来予測の側面を避けられないように思います．かもしれません．私は電磁波の生物作用の研究をしていますが，確実な情報だけしか発信していけないとなると，何も言えなくなります．だからそこはやはり社会と対話をしてどうするかを考えないといけない．先日行われた京大防災研主催の研究集会(「よりよい地震ハザード評価の出し方・使われ方」)では，メディアの人，行政の人はあまり来てなかったですよね．あれは呼びかけても来なかったんですしょうか．

遠田　呼びかけはしていたと思います．

松澤　確認したところ呼びかけたとは言っていましたよ．

本堂　結局科学者側だけで考えてもダメなのですよね．

松澤　今回，本堂さんにいろいろと教えてもらっていろいろと資料を読んだのですが，どこかで線を引かなければならないと思います．そしてその線を引くのはやはり行政なのですよね．だから行政の方は非常に厳しいところにいるわけです．僕らはすごくアバウトなことを言っても良いのかもしれませんが，行政は違う．研究者に判断を任せられても困るというふうに言うのは正論だと思いますが，彼らは責任を持って線を引かなければいけないわけです．そこでやはり対話は普段からしておかないと非常に申し訳ないと思います．

本堂　そうですよね．行政の人も，周囲に説明できるための説得できるための概念が要ります．そのための言葉を探している．不確実性に真剣に対峙している人も多い．でも，根本的問題に気づいていない人が多いから，そういう人たちに伝わる材料というか概念を必要としています．彼らも相当悩んでいて，問題意識はかなりあります．

松澤　今回の大雨(平成25年9月16日台風18号によるもの)でも京都がかなりの避難指示・勧告出しました．あれはすごいと思いました．でも結局その辺りで迷って遅れてしまったところを今すごく批判されています．それもそれで気の毒です．

[大災害の可能性に気づいたとき]

本堂　ある程度確実な知識ではないものを発表する難しさのお話しがありました．「ある程度確実」じゃなくても，学問的にまだまだでも，社会的には，もしかするとすごく大事かもしれないという問題を研究者側は察知しますよね．そういった時に，確かに「ある程度確実」になるところまで待つという選択がありますが，僕自身はそれでいいのかなと思う部分があります．ただ，ではどうやって発表するのかと．電磁波でも，もしかしたら大変な話になるかもしれないが，確実に危険と言えない部分があります．科学的知見としては未解明だが，こういうことになるかもしれないというある種ストーリーとして発表する．すなわち，決まった話ではないけれどこういう可能性はありますよとかいうふうに発表する方法もあるのかなと思うのですが．

遠田　それは関東大震災の今村明恒と大森房吉の話そのものですよね．

本堂　私はそれ，あんまり知らないんですけれど．
遠田　そうですか．本がいくつも出てます．今村明恒は，（いま考えるとそれほど根拠はないのですけれども），60年位の間隔で東京には地震が来ているので，安政江戸地震という1855年に江戸の大火があったので今度もかなり大火で死ぬ人がでると．大雑把に言うと10万人位が火災で亡くなると当時言っていたんですね．まさにそうなってしまったのです．その今村明恒という人は東京帝国大学の無給の准教授だったのです．当時，教授は地震学では有名な大森房吉でした．大森房吉が今村に人心を乱すようなことを言うべきじゃないと，今村を抑えていたのです．しかし，結局自分がオーストラリアの国際会議に出ていた際に，オーストラリアで関東大震災が実際に起こったことを知るのです．それで，今村は結局，震災では陣頭指揮を執っていろんなデータや教訓をその後残すのです．

60年周期説と大火の予測は，科学的には証明されているわけでもないし，皆のコンセンサスを得られてないことではあったのです．しかし，防災上，それは経験に基づくところが大きくきわめて重要だったのです．ただ，今村は当時結構いろいろ言われたみたいですよ，発表したことによって．
松澤　難しいですよね．

宮内　社会的影響は大きいですよね，間違いなく．
松澤　今でこそ今村明恒のほうが正しかったというのはある種の結果論ですよね．あのロジックを見ていく限り今だったらあんなに強く言えない話です．

遠田　ただ，防災のこともしっかり言っているんですよね，あの当時．火が出てという予測は．
宮内　そうですね．だからこそしっかり備えるべきだということは言っていましたね．

遠田　東京の防火プランみたいなものも考えていたのですよね．

[科学者間での意見の多様性]

宮内　本堂さんの先ほど言われた，「確実になったら」という時の，その確実の程度っていうのはどのくらいのものを考えていますか．
本堂　それもないわけですよ．科学的に確実というのも，科学者間でのいわゆる相場観，研究者の相場観であって，実際社会的なものとずれている可能性はある．
宮内　研究者同士だってここまでだったら確実という程度は人によって違うと．

本堂　そうです．だからそこがまずひとつ問題としてあると思います．

あともうひとつ，医学との関連，発がん研究についてIARCという国際機関というところが研究の進み具合についての評価をしているのですよ．どういうことかというと，ある物質に発がん性があるか，ハザード評価というのがあるのですね．IARCは1234(ワン・ツー・スリー・フォー)という風に分けていて，1(ワン)は発がん性がある．2(ツー)は2Aと2Bがあって，2Aはおそらく発がん性がある．2Bは発がん性の可能性がある．スリーとフォー，どちらか忘れたけれど片方は発がん性の可能性がないだろう．もう一つはまるで分からない，というふうに．それは発がんの強さではありません．日本ではハザードカテゴリー1のほうがリスク・影響が強いと，よく誤解されるのです．そうではなく，これは研究の進み具合の分類です．発がん研究がどれだけ進んできたかというものの分類です．

松澤　さっきの雨の確率評価と雨量との関係みたいなものですね．
本堂　それに近いですね．だから，発がん性に関してはそうやって評価をしていく．
科学者間でのコンセンサスの程度を評価していくみたいな部分ですよね．
つまりハザードっていう概念には科学の不確実性に対する意識がすごくあるのです．

遠田　コンセンサスは難しいですよね．
本堂　難しい．だから，実際にはそこもいろいろともめるのです．IARCというのはWHOのひとつの機関で，リヨンにあります．会議は例えば2週間かけて，いまその時点で出ている文献を全部読んで行うという形をとっています．

遠田　確率評価にあたって，我々の地震分野でもそうなんですけど，ロジックツリーというのを使います．分岐を使って重み付けするのですが，そのときに専門家で話し合ったりして，いわゆる投票みたいなことをするのです．その手の教科書に書いてあることはロジックツリーの重み付けに非常に似ていると思います．専門家の割合を考慮して，いろんな想定，不確実性を考えて枝分かれを作るのです．

宮内　クオリティーの中のですね．
遠田　ただ評価をする時に，専門家といっても，どういう人たちを集めるかによります．
宮内　母集団の集め方によりますよね．
本堂　IARCの場合，いろいろあるんですけれど，ひとつはやはり利益相反のある人ははずそうということもあります．
でも確かに，議論を見ていると研究者間での評価は相当分かれる．ただある程度，単に数字だけじゃなくて，こういう議論があったというように，文章でも公表します．ただ，それもマスコミに出るときにそこの議論が省略されて数字だけにされてしまうと，かなり誤解されることがあります．

[不定性と報道]

遠田　新聞は現場の記者が書いた記事がデスクで省略・色付けされますよね．
宮内　捕まったおしりだけ繋いで，おしりに尾鰭(おひれ)はひれをつけて大きく報道してしまうのですよね．
本堂　そうですよね．デスクで通っても，新聞だと最後の校閲部っていうんですか，そこがさらに書き替えることがあるようですね．科学部のデスクでは止められないことがあって．読み易さだけをチェックする部署が新聞社によってはあるようです．

遠田　残念ですが，インタビュー内容そのものだけならいいですけれど，新聞社によってそれぞれ色を付けられてしまいますからね. 純粋にサイエンスを客観的に取り扱ってくれたら良いのですが，例えば原発とか政治色のあるものが少しでも絡むと，最後に客観的なインタビューに色が付くのですよ．自分のコメントが準備されたストーリーの中に填め込まれていると感じることもあります．
本堂　はまるところだけ持っていかれる．
宮内　知らず知らずのうちに，社の方針に染まっていった表現になりますよね．

遠田　多様な内容を発言しているはずなんだけど，よく一部分だけ切り取られますね．
松澤　それが怖いですね．

本堂　それに対してひとつはJST/RISTEXのプロジェクトで，早稲田大学の田中さんたちのグループが立ち上げたサイエンスメディアセンターのサイトに，科学者の主張を載せもらう方法もあります．それを見て取材する人もいるし，あるいは取材を受ける時に同時に載せてもらえば，変わったことを取り上げられたときにずれが分かると．

遠田　記者レク用にプレス用資料を作りますよね．大学も最近やってますよね．個人的に，あれはあまり好きではありません．記者レクをやると逆に熱心に取材しないのですよね．もう文章が先にあるので，型にはまったことしか説明しないし聞いてもらえない．証拠取りには良いと思うんですが，取材にライブ感がありません．
本堂　むしろ記者レク用にはぼかしたほうが良いかもしれないのですね．
遠田　そうですね．詳しいことは訊きにきていただく．

松澤　難しいですね．地震本部の評価の自己点検も公表しましたが，結局自己点検の厚い報告書には一切質問が出なかった．仕方が無いのでまだ最終版ではないという条件付きで，「とりあえず今までのやり方で確率評価したらこうなりますよ」という本論ではない方の方を取り上げたら，数値ばかりに質問がきました．結局，ニュースでもそちらばっかりが報道されて，確率が上がった下がったという話題で持ちきりになりました．枝葉の発表しかニュースにならなくて，ものすごく落胆しました．

本堂　先に説明した早稲田の人たちの仕組みのように，おかしいなと思った人がアクセスできる経路を一個作っておくだけでも多少はフィードバックができるかもしれません．
松澤　そうですよね．地震本部の自己評価報告書にしても全部WEBに上がってるので，チェックしようと思えばできます．
遠田　でも地震本部の報告書は分厚くて長いから，実際は一般の方は読まないですよね．また，内容的にも専門家以外は分からないですよね．
松澤　正直いうと我々も全部読む気にはなりません．

遠田　例えば，どこか前の報告書から変わった部分だと，マーカーで付けてくれば，ある意味限られた時間で速読できるのですが．それが明示されていないので，また同じかと思って読まない．
松澤　どこかで地震が起こった時や，地震本部の評価に疑問が浮かんだ場合に，もう一回読み返してみて，「ああこういうロジックだったのね」というチェックには使えます．

■用語解説

*は文部科学省の以下のサイトから引用
http://www.mext.go.jp/b_menu/houdou/20/07/08071504/002/004.htm.

貞観地震

西暦869年に仙台平野に津波浸水をもたらした地震．日本三代実録に記述がある．津波堆積物調査による浸水域とそれを復元する津波モデルから，地震規模はマグニチュード8.3–8.6程度とされている．東北地方太平洋沖地震の1サイクル前の地震という見方もある．

原子力規制委員会

原子力規制委員会．原子力規制委員会設置法に基づいて，環境省の外局として2012年9月に設置された5名の委員から成る委員会．特にここで議論されているのは，「敷地内破砕帯」に関わる活断層評価の有識者会合のこと．

海溝型地震

海側のプレートが陸側のプレートの下に潜り込む際に生じる地震で，普段は両者の境界が固着されているが，地震の際にはこの部分が破壊され，急激なすべり(ずれ)を生じ，陸側のプレートが跳ね上がる．これによって，海底でも大きな地殻変動が生じ，津波の原因となる．日本では日本海溝沿いや相模トラフ・南海トラフ沿い，日向灘沖などで発生する．

アスペリティ*

プレート境界や断層面において固着の強さが特に大きい領域のこと．この領域が地震時に滑ると，滑り量が周りよりも大きくなり，大振幅の地震波を放出する．

塩屋崎沖地震

1938年11月5日に発生したマグニチュード(M)7.5の福島県東方沖の海溝型地震．その後，翌日の6日にかけて立て続けに複数のM7–6級の地震が発生した．

兵庫県南部地震

1995年1月17日未明に明石海峡を震源として発生したM7.3のいわゆる直下地震(内陸地殻内地震)．神戸を中心に震度7の地域が帯状に拡がり(震災の帯ともいわれる)，死者行方不明者6434人の阪神・淡路大震災を引き起こした．震源となった活断層は淡路島北端の野島断層で，神戸側の六甲断層帯の地下も一部活動したとみられている．

変動地形

断層崖や尾根・谷のずれなどの断層変位地形，隆起・傾動した段丘面などの，地殻変動を反映した地形の総称．活断層の位置や地震発生履歴・塑性ひずみ速度などを評価する上で必要な基礎的情報を与える．変動地形を研究する学問を変動地形学という．

固有地震

活断層，もしくはプレート境界の特定の区間からそれぞれ固有の地震規模(マグニチュード)と繰り返しの発生間隔を有するという単純化されたモデルを固有地震モデルといい，その地震を固有地震という．

スーパーサイクル

固有地震による地震規模と地震繰り返し間隔のさらに上位の階層にある地震サイクル．例えば通常はM8規模の地震が100年間隔で繰り返されるが，そのうち数サイクルに1回(数100年に1回)，巨大なM9規模の地震が発生するというもの．

宮城県沖重点

正式名は，「宮城県沖地震における重点的調査観測」．地震調査研究推進本部によって，宮城県沖地震の発生時期や規模予測の高精度化を目指した調査研究．平成17年度～21年度に，東北大学大学院理学研究科・東京大学地震研究所・産業技術総合研究所が主体となって，陸域・海域地震観測や地下構造探査，津波堆積物調査などを実施した．

地震調査研究推進本部(地震本部)

1995年の阪神・淡路大震災をうけ，全国にわたる総合的な地震防災対策を政府として一元的に推進するために総理府(現在は文部科学省)に設立された政府の特別機関．地震の長期評価，強震動予測，津波評価などの調査研究の取りまとめと研究の推進が主な役割で，2005年以降，確率論的地震動予測地図などを公表している．

南海トラフ沿いの地震

静岡県沖の駿河トラフから四国沖の南海トラフ沿いにかけて約100～200年間隔で発生しているM8級の巨大地震．最後の巨大地震は1944年の昭和東南海地震(M7.9)と1946年の昭和南海地震(M8.0)．全域が一度に動くと1707年の宝永地震(M8.6)と同程度かM9規模の超巨大地震発生の恐れがある．東北沖地震の後，複数回にわたり地震と津波の被害想定の見直しが行われた．

中央防災会議

防災基本計画の作成や，防災に関する重要事項の審議等を行う内閣府の会議．内閣総理大臣をはじめとする全閣僚，指定公共機関の代表者及び学識経験者により構成される．

建築基準法

建築物の敷地・設備・構造・用途についてその最低基準を定めた法律で，昭和25年施行後，何度か改正が行われている．特に1978年の宮城県沖地震を契機に耐震基準の見直しがはかられ，1981年に大幅改正された．

確率論的地震動予測地図

主要活断層による地震と海溝型地震，その他の震源を特定できない地震を考慮し，地震発生の可能性と地震動の強さを計算し，その結果を全国規模で地図上に確率として色分け表現した地図．予測期間や震度をかえて，複数の計算が行われているが，「今後30年以内に震度6弱以上の揺れに襲われる確率」が標準として示されることが多い．2005年に地震調査研究推進本部により公表され，ほぼ毎年更新されている．

丹那断層

1930年に箱根から伊豆半島北部を襲った北伊豆地震(M7.3)の震源となった断層の1つ．同地震時に動いた他の断層も含めて，北伊豆地震断層帯ともいわれる．地震時には2mを超える横ずれ(食い違い)が観測されている．1980年代前半に発掘調査が行われ，過去6000～7000年間に9回断層が動いたことが判明した．

トレンチ調査*

断層面を横切る方向に細長い溝を掘り，断面を観察して断層のずれ方や地層の年代を測定し，断層の動いた年代・活動履歴や周囲の環境を調べる調査．

ラクイラの問題
2009年4月にイタリア中部のアブルッツオ州ラクイラで発生したM6.3地震(ラクイラ地震，死者300名以上)をめぐり，安全宣言を出したとされる行政官2名，科学者5名の地震委員会メンバーが過失致死で起訴された一件.

COE
Center of Excellence(卓越した研究拠点)の略.「我が国の大学に世界最高水準の研究教育拠点を形成し，研究水準の向上と世界をリードする創造的な人材育成を図るため，重点的な支援を行うことを通じて，国際競争力のある個性輝く大学づくりを推進することを目的」として実施された競争的研究資金の1つ(21世紀COEプログラム)．日本学術振興会によって平成14年度～16年度に進められた.

セグメント*
活断層は常にその全長にわたって破壊されるわけではなく，幾つかの区間に分かれて活動するが，それぞれの区間をセグメントという.

GPS*
汎地球測位システム(Global Positioning System)の略．地上高約20,000キロメートルの高度を航行するGPS衛星からの電波を地上で受信し，三次元的位置と時刻を正確に計測するシステム．地殻変動計測には干渉測位と呼ばれる電波の位相を用いた相対測位法が用いられる.

次号特集に向けて

寿楽　浩太*

「科学の不定性」が科学技術に関する社会的意思決定にどのような関わりを持ち，どのような問題が生じ，どのような対処策が構想できるのか，という「不定性と意思決定をめぐる諸論点」が間違いなくSTS（科学技術社会論）研究の分野における中心的課題のひとつであることは，会員諸氏の多くが首肯されることだと思います．しかしながら，東日本大震災と福島原発事故は，この難問に対する私たちの理解と提案，ひいてはSTS分野そのものが未だに極めて未熟であることを思い知らされる出来事だったと言わざるを得ません．本堂編集委員も鋭く指摘しているように，「トランス・サイエンス」というこの問題について私たちが頻用してきた考え方でさえ，問題状況を便利に記述する「決まり文句」と化し，本気で上記の難問に立ち向かおうとはしない状況をつくりだしてしまうことに，結果的に一役買っていた可能性すらあります．

今回の特集に対する担当編集委員の認識は，震災と原発事故の惨禍を前にしたときに私たち自身が感じた無力感，そして少なからぬ人びとが発した「こういう時に役に立たずに何がSTSだ」といった批判（いや，非難と言ってもよかったでしょう）を，私たちは極めて重く受け止める必要があるというものでした．この認識が，なぜ所収の座談会記録と各論考を導いたか，その考えの筋道は特集の冒頭で本堂編集委員が説明された通りですが，今回は主にまず，「不定性についての私たちの知識の整理と確認，そして今後の思索の方向性の探究」と「地震（震災）と科学あるいは科学者の役割や責任」について，学会外の関係研究者のご協力も得た検討を試みました．

吉澤剛氏と平田光司氏はそれぞれ，「不定性」と「トランス・サイエンス」というキーワードそれぞれについて，これまでの語られ方よりも解像度を上げ，従来よりも明瞭で特定された理解を得ることを念頭に置いた野心的な試論を提示しています．

吉澤論文は，敢えて「社会の意思決定にとって科学のどの部分が問題なのか」というSTS研究における典型的な問いのスタイルをいったんカッコに入れて，科学という（あるいは一般にそう呼び慣わされている）営為そのものがどのような不定性を扱い，あるいは飼い慣らしながら行われているものなのか，これまでに蓄積されてきた知見を渉猟しながら類型化を試みたものです．吉澤氏は今回の特集の趣旨を踏まえ，地震学を例にとって類型を適用してその意義を論じておられますが，この類型化のさらなる意義は科学の諸分野それぞれにおける「不定性」の異同を私たちがより明確に意識することを可能にする点にあるのではないでしょうか．

2014年10月6日受付　2014年10月7日掲載決定
*東京電機大学未来科学部助教，juraku@mail.dendai.ac.jp

平田論文がトランス・サイエンスの類型論を展開する中で浮き彫りにしているように，私たちがしきりに引き合いに出してきたWeinbergの「サイエンスとトランス・サイエンス」論文は，こうした「不定性」の内実を仔細に踏まえたものとはなっていません．もちろん，同論文はそれ以前においては「科学の領分に属する事柄」と目されていたものに「科学を超える問題」がたぶんに含まれつつあり，それはもはや科学者のみが「答える」≒意思決定するべき事柄ではないことを科学者自身が喝破した点で意義深いものであったことには間違いないでしょうが，それから40年後の研究前線に立つ私たちがこうした限界を十分に踏まえた議論を展開しなければならないこともまた，間違いないでしょう．

もちろん，STS研究がその40年の間，こうした問題に対して全く手をこまねいていたわけではないこともまた，明らかです．しかし，そうは言っても，民主的な社会的意思決定において科学知にどのような地位を与えるかということについて，なおも侃々諤々の議論が続いていること，そしてその論争の収斂がどうもはっきり見通せないこと(例えば「第三の波」論をめぐる一連の論争を思い起こしていただけばよいでしょう)を，とりわけ震災と原発事故を経験した私たち日本のSTS研究者は深い遺憾の感慨を以て受け止めなければならないはずです．

敢えて乱暴に言えば，上記の論争が未だに決着しないことのひとつの原因には，結局のところ，社会的意思決定において科学がどのような範囲で「特別に頼りになる」知であり，逆に，どのような範囲では他の要素(例：民主的な手続きや倫理的な原則などの規範的要素)による代替や補完を必要とするものなのかについて，私たちSTS研究者自身の評価が定まっていない，あるいは私たち自身がこの点の重要性について十分意識的ではないことが深く関わっているように思います．ですから，今回の特集の読者には，科学が，そして科学知がどのような「不定性」をはらむかを先行・独立してまず把握した上で，それが社会的意思決定にとってどう問題になるのか，という(Stirlingが採用したものとは逆の)段取りを踏んでみてはどうか，という吉澤論文の提案や，それらを科学者自身がどのように処理しているかという問題についても敢えて「トランス・サイエンス」概念を試金石にして検討してみてはどうか，という平田論文の試みを，このような文脈からも受け止めていただければうれしく思います．

そして，その際に読者の皆さんに併せて受け止めていただきたいのが，社会的な要請と責任に直接的に向き合う立場にある科学の側のリアリティと，それに携わる研究者の苦悩です．

遠田晋次，松沢暢，宮内崇裕の各氏を招いた座談会の記録からは，まさに様々な「不定性」の存在がいわば「当たり前」である彼らの日常としての科学の姿と，災害予知，防災のための基盤的情報として求められる科学知の差異に苦悩する姿が鮮やかに読み取れます．彼らが示す分析に対して「後知恵の弁明」とネガティブに受け止める向きもあるかもしれませんし，対処策の議論が「教育」や「リテラシー」に向くことにも不満を覚える読者もあるかもしれません．

しかし，そうは言うものの，私たちSTS研究者自身が，震災の起こる前にこうした諸論点を把握，分析し，当事者の抱える問題に何らかの解決を与えつつ，かつ，公益に資するような対処を提案することができていたでしょうか．纐纈一起・大木聖子の両氏の手になるラクイラ地震裁判事例論文が描き出したシナリオは，地震を対象とする科学の諸分野の研究者にとってはまさに対岸の火事とは言えない，切実な懸念でしょう．

もちろん，地震研究は社会が抱える不安と防災への渇望に支えられてきた分野でもあるでしょうから，関係する研究者には他の分野に対して社会が求めるのとはやや異なる，より重い責任が生じるという立論はあり得ます．けれども，そうであるにも関わらず，あるいは，そうであればこそ，彼らがそれに積極的に応えることを可能にするにはどうするべきなのか，また，そのことを確実にするためにはどのような原則や仕組みが必要なのか，そうした問いは等閑視されてきたように思われます．この問題もまさに，「不定性」の内包と外延を精確に把握し，その上での様々な「線引き」を明確に形成することのないままに，経路依存的にデフォルト化した規範によって地震に関する諸学と防災の関係についてこれまで対処してきたことの帰結であると理解できるのです．そう考えるならば，今からでも，STS研究がこの問いに対する知識と向き合い方を整理して，地震研究者と社会の各ステークホルダーの双方に示すべきだという結論が導かれざるを得ないでしょう．

そして，震災に関連してこうした整理を行うことが喫緊の課題となっている分野として連想されるのが，原発事故の当事者分野である原子力技術に関わる諸問題です．

今回の特集では震災を主な検討の対象に取りましたので，科学＝理学のイメージがどうしても頭に浮かびます．しかし，原子力について考えるときにはおそらく，科学技術＝工学というイメージを敢えて念頭に置く必要がありそうです．

平田論文は「巨大科学」について検討したことで，特にこうした切り替えを意識させずに原子炉工学における設計問題を引き合いに出し，「踏み越え」の問題について縦横に論じてみせてくれました．けれども，与えられた制約の中で定められた目的を達成することをミッションとする工学の営みは，それがはらむ様々な類型の「不定性」への対処において，理学的な意味での「科学」との間に様々な，そして少なからぬ差異を見せるものと思われるのです．科学＝理学とのミッションの違いは規範性の面での差異を生じますから，工学の営みにおいて「不定性」が持つ意味も，対処の基本姿勢も大きく異なるに違いありません．原子核物理学者でありながら次第に原子力工学に深く携わるようになったWeinbergが「トランス・サイエンス」論文を世に問うたことも，このことと当然，深い関わりがあると理解されるわけです．

仕事柄，原子力工学者と接する機会の多い筆者は，原発事故後から現在までの3年半の間，物理学者からの批判を彼らが非常に強い反発を以て受け止める様を幾度なく目にしました．あるいは，物理学者が原発事故に関して「自由に」発言したり，様々な実験や調査を通して成果を発信したりすることをある種のコンプレックスのようなものを抱えながら眺めているらしい様子にも気づきました．もちろん，筆者はこのエピソードを原子力工学者に対する憐憫の情から引き合いに出し，会員諸氏の同情や共感，あるいは支持を求めているわけではありません．そうではなく，科学技術＝工学の営みについても，今号の特集で示されたのと同様の，従来よりも解像度を上げたまなざしを持たねば，本当の意味で彼らに届く批判は難しいと考えているのです．

原発事故の惨禍は文字通り筆舌に尽くしがたいものですが，それを日々，否応なく目にし続けているにもかかわらず，残念ながら原子力工学者や政策担当者の少なからぬ割合の人びとは，なおも平田論文の言う「グロテスクな「技術的解決」」ばかりを志向しているように筆者には見えます．そして，その動機や意図は多くの場合にどうも善意から導かれるものであるらしいことに，筆者は底知れぬ戦慄を覚えるのです（そしてこの点でもWeinbergと現代の原子力工学者は共通しているわけです．また，大飯原発の運転差し止めを命じた2014年5月の福井地裁判決と，それに対する日本原子力学会の批判声明の間の議論のすれ違いは，彼らとの認識のギャップの大きさを物語ります）．今後，私たちが日本の原子力政策をどうするのかはもちろん重要な問題ですが，その行く末にかかわらず，この現象の解釈と対処にSTS研究は取り組むべきではないでしょうか．そうした「グロテスクな「技術的解決」」への志向性が「善意から」生み出され続けるメカニズムを放置することは，原子力分野はもちろん，それ以外の分野も含めて科学技術＝工学と公益の乖離を招来し続けることにもなりかねないからです．

次号の特集ではこうした問題に切り込むことを目指して，福島原発事故，工学をめぐる諸問題，そして公益と科学技術の関係をめぐるSTS研究の諸論考を招へいしたいと考えています.

最後に，今回の特集に貢献くださった各位と，刊行の大幅な遅れをご辛抱くださった読者の会員諸氏に心より感謝申し上げ，解題を兼ねた次号特集の予告といたします.

論　文

出生前検査を用いた専門知による人の「生」の支配に抵抗する

渡部麻衣子*

要旨

2012年8月後半に「新型出生前検査」の臨床応用が間近であることが伝えられて以来,「出生前検査」に関する議論が再燃している．ここでは,医療社会学における「医療化」批判や科学技術社会論における「専門知」による支配を批判する議論に基づき,「出生前検査」が，医学の専門知によって人の生を支配することを可能にする「病院化」の技術であることを示す．そして,「生」に対する人の自律性への侵襲に抵抗するために，医学の専門知を相対化する認識を獲得する必要性について論じ，社会に存在するそのための取り組みについて検討する．本論では特に，医学の専門知が「異常」と分類する人々による「当事者」の経験知を，非言語的表現手段を用いて共有する取り組みに着目する．

1．はじめに：「きっかけ」としての「新型出生前検査」

2012年8月末,「新型出生前検査」の臨床応用が開始されると報道されて以来,「出生前検査」に関する議論が再燃している．当初9月に予定されていた臨床応用は延期され，日本産科婦人科学会で作成中の「新型出生前検査」に特化した提供指針が2013年3月に策定されるのを待って4月に開始された．しかし,「新型出生前検査」は，既存の「出生前検査」に内包される様々な倫理的課題に，何か新しい課題を追加するのだろうか．出生前検査は，常に，より母児の身体への危害の度合いが少なく，より早期に，より確実に胎児の状態を知ることのできる技術を目指して発展してきた．「新型出生前検査」は，その発展の過程で生み出された最先端の技術の一つであり，目指されている完成型までにはまだ少し距離のある，途中段階の技術でしかないとも言える．検査の対象である三つの染色体の異数性は，既存の出生前検査の対象である．母児の身体への危害の度合いが少なく，より早期に，またより確実に胎児の状態を知るという目標により近い検査であるために，より多くの妊婦が利用するようになる，ということは確かに予測される．しかし，現在日本では妊婦検診においてほぼ毎回利用され，且つ自治体から利用券が支給されている超音波検査は，胎児の

2013年2月26日受付　2013年10月28日掲載決定
*東京大学大学院博士課程教育リーディングプログラム「多文化共生・統合人間学プログラム(IHS)」教育プロジェクト3「科学技術と共生社会」,東京都目黒区駒場3-8-1 17号館1階，Tel/Fax 03-5454-6385, wtnbmk@ihs.c.u-tokyo.ac.jp

形態異常の発見を目的のひとつとしている．超音波検査の技術の発展によって，多くの臓器の形成異常が発見されるようになっており，それらの知見を総合的に用いて，胎児に染色体の異数性等の遺伝学的異常があることを予測することも可能である．超音波画像を用いて，胎児の頸部の皮膚の厚みを測るNuchal Translucency（NT）は，まさに染色体異数性に特化した超音波検査技術でもある．「多くの妊婦が利用するようになる」ということを，「新型出生前検査」のもたらす「新たな」課題として考えることは難しいだろう．

こうしてみると，「新型出生前検査」は，むしろ，ある方向を目指して発展を続ける「出生前検査」の現段階での最先端の技術として，この技術に内包される共通の課題を照らし出す「きっかけ」として考えることが妥当のように思われる．ここでは，「新型出生前検査」をきっかけとして照らし出される数ある「出生前検査」の課題の中でも，特に「専門知による人の生の支配」という問題に焦点を絞りたい．特に今話題となっている「新型出生前検査」は，母体血中のDNA断片を用いること，そして三つの染色体の異数性を対象とすることから，リップマン（Abby Lippman）が「遺伝子化」と呼んだ，「個人の違いがDNAコードに還元されていく過程」（Lippman, 1992; 1470）のひとつの表象としてみることができる．ここでは，「出生前検査」による「遺伝子化」を，遺伝医学の専門知が人の生を支配する過程としてとらえ，その問題を論じると共にこれを乗り越えるための取り組みについて検討したい．

2. 出生前検査をめぐるこれまでの議論

本論は，「出生前検査」の社会的な意味を考察する数ある研究のひとつでもある．1990年代以降，数を増やしたそれらの研究は，大きく２つに分けることができる．１つには，「出生前検査」を現代における優生思想の具現化として考察する研究がある．それらの研究は，優生思想の再来を肯定するものと，それに警鐘を鳴らすものとの，相反する２つの立場に分けられる．

前者は，出生前検査を用いて胎児の状態によって産むか産まないかを選択する自由を認める限り，それが優生思想の具現化となることは避けられないという前提に基づき，その自由の道徳的限界点を検討する立場である．重要な立場として，フィリップ・キッチャー（Philip Kitcher, 1997）が*Lives To Come*で論じた「ユートピア優生思想」がある．この立場は，個人に生殖における選択の自由を認めつつ，「正しい選択」をする「良き市民」となることを求める．キッチャーは，その理由を「資源の有限性」に置く．また，「フェミニスト倫理学」を提唱するローラ・M・パーディー（Laura M. Purdy）は「未来の人への愛」を「正しい選択」の基盤とする．パーディーは，「女性の生殖における権利の道徳的限界点として，『フェミニスト倫理学』が依拠するのは『愛』である」（Purdy, 1995, 301）とし，「愛」故に，「正常な人生」を期待できない生の誕生は防ぐべきであると主張する．キッチャーやパーディーが，自由の道徳的限界点として掲げる，理念としての「資源の有限性」や「未来の人への愛」が，実際の社会における資源の分配状況の妥当性や，人が「未来の人」に持つ感情の複雑さをどれくらい反映させているかについて疑問を差し挟む余地は十分にある．

一方後者は，「出生前検査」のもたらす「新しい優生思想」について，それが個人の自由な選択に基づくものであっても，やはり「伝統的な優生思想」と同様に生物学における「適者生存」の論理を人の生に適用するものであるとして慎重な姿勢を保つ．特に，障がいは「文化的に生み出され，社会的に構造化された」（Oliver, 1990, 21）と主張する障がい学の立場からは，社会に産まれてくる人をその生物学的特徴によって選別することの妥当性が問われる．（Jennings, 2000）

「出生前検査」に関する研究の重要な流れの２つ目として，女性学の立場からの検討がある．それらの研究では，「出生前検査」の技術が，女性の妊娠・出産の経験をどのように変容させているのかが，理論的，実証的に検討される．

論者達の主張は，出生前検査が生殖における選択肢を拡大すること，そしてこの選択肢が女性に新たな責任を課すことに注目する点で概ね共通している．ただし，女性に課される新たな責任に対する評価は，論者によって異なっている．たとえばロスマン(Rothman, 1993)は，羊水検査を受ける女性たちは，その成員に対する集団的な責任を果たさない社会に代わって，「不可能な選択」を迫られる「被害者」であると述べている．これは，羊水検査を利用する女性たちへのインタビューを通して，彼女たちが，検査結果が出るまでの期間を「仮の妊娠」と語る一方で，検査を受けることや，その後の選択に対して複雑な心境を持っていることを明らかにした調査に基づく見解である．また，ロスマンは，社会が責任を果たさない限り，出生前検査の与える「選択」は，「母親たちに責任の重荷を負わせる」ことになるとも主張する．(Rothman, 1994)チャロとローゼンバーグ(Charo and Rothenberg, 1994)も，出生前検査技術によって可能になった「選択的中絶」の可能性は，母親達に「産まれることから子どもを守る」という新たな責任を課していると論じている．これらは，出生前検査は可能にする選択は，女性にとって不当な負担となるとする立場である．一方ゲイツ(Gates, 1994)は，選択は女性にとって利益となり得ると主張する．また，羊水検査の技術のあり方と女性の妊娠経験の変容との関係性を検討したラップ(Rapp, 1999)は，羊水検査を受けた女性たちへの調査を通して，検査を受けて中絶を選択することが女性にとって簡単なことでは決してないことを明らかにした．このことをふまえて，ラップは，女性が検査を受け中絶を選択することは「ひどく勇気のいる行為」であり，社会的な施策の一環として正当化され得るとし，出生前検査を用い選択的中絶を行なうことに社会的意義を認めている．

一方，プレスとブラウナー(Press and Browner, 1994)の研究では，女性達自身は出生前検査の目的が「選択」にあることを口に出さないことが注目された．彼らの調査に協力した女性たちの多くは,出生前検査の目的は「確認」にある述べ,「妊娠を中絶する可能性」に触れなかったのである．彼らはこれを「集団的な沈黙」と呼び，沈黙の中で出生前検査に関する政策が決定されていくことに疑問を呈した．「出生前検査」を優生思想の具現化として論じる研究も含めた，出生前検査の社会的意味に関する研究の多くが「生殖における選択の自由の拡大」に着目しているにも関わらず，女性達自身が「選択」について語らないという彼らの発見は注目に値する．

現代の日本の女性達の妊娠経験を，アンケートとインタビューを通して調査した柘植等(2009)は，女性達が出生前検査を含む医療技術を「選択」する過程に着目する．主な出産の場所が病院となり，超音波検査に代表される医療技術が用いられるようになったことで，妊娠経験はいわば「医療化」されているが，女性が最終的に「出生前検査を受けるか受けないかを決めるのは，医学的な要因からだけではない」(511)という結論は重要である．

> 「出生前検査を受けた理由には，身体的な状態に対する不安だけでなく，生まれた子どもが障害をもっていたときに，育児や女性の仕事はどうなるのかという不安，夫婦やその他の家族の障害をもつ人への姿勢，経済的な状況など，さまざまな要素がからみあっています.」(前掲)

柘植等は，この現状を踏まえた対応を医療者等に求めている．その一方で，女性達が「パーフェクト・ベビー」を望むとすれば，それは「少なくとも，女性だけが愚かで，女性だけが差別者だというのは，違う」(513)と論じる．柘植等も，ロスマン(1994)と同様に，女性の選択の背景にある社会の責任を問うていると解釈できる.

これらの研究は，背後にある思想に着目するか，利用する女性の経験に着目するかの違いはあるものの，どちらも出生前検査という新たな技術の社会的な意味，あるいは社会的な妥当性を検討するものである．本論の目的も，また，出生前検査の社会的な妥当性を批判的に検討することにある.

しかし，「優生思想」も「女性の経験」も，出生前検査を批判的に検討するための立脚点としては不十分であるように思われる．まず，キッチャーやパーディーの議論に代表されるように，出生前検査の具現化する優生思想は現代においても肯定され得るものである．また，優生思想を批判する重要な勢力である社会構築主義的な「障がい」の理解については，「障がい」がいかに社会的に構築されたものであったとしても身体的限界を否定することはできないとして，障がい学の内部で再検討の対象となっている.（Shakespeare, 1999）さらに，女性の経験の考察は，出生前検査が妊娠出産の経験を変容させる過程への女性の関わりを明らかにしてきたが，出生前検査によって妊娠出産の経験が変容することの何が問題であるのかという点については，十分に検討されているとは言えない.

3. 理論的前提：「専門知による支配」

そこで本論では，出生前検査の社会的な意味を，これまで医療社会学や科学技術社会論の領域で広く論じられてきた「専門知による人の生の支配」の問題とする立場から考察することを提案したい.

医療社会学の領域では，フーコーによる「生―権力」の発展過程の社会史的研究（Foucault, 1963: 1969）を端緒とする歴史社会学的研究や，イリイチやコンラッドによる社会の「病院化」または「医療化」の批判的検討（Illich, 1975: 1979; Conrad, 2007）に代表されるように，医学というある一つの専門知が人の生を支配する現象を扱ってきた長い歴史がある．これは，女性学の立場から「お産の医療化」を批判する立場の理論的基盤でもある．しかし，「お産の医療化」をめぐる考察が往々にしてお産を担う専門家や場所が医療者や病院へと移行していく過程に照準を合わせる（Oakley, 1984）のに対し，本論の照準はその過程を通して形成される「人の生に対する認識」にある．本論は，出生前検査が，ひとつの専門知に基づく「人の生に対する認識」を「誰が社会の成員となるべきか」を決定する基準として提示することを示し，これを「専門知による人の生の支配」として批判する.

一方，科学技術社会論の領域では，人の生活に関わる科学・技術のあり方を，専門知を持つ専門家のみが決定することの問題を示す様々な事例の検討を通して，言わば広い意味での「専門知による人の生の支配」を批判し，これを乗り越えるために「科学・技術の公共性」についての理論構築に取り組んできた.（Irwin, 1995）本論でも，出生前検査による「専門知による人の生の支配」を批判した上で，これに抵抗する必要性とその方法と検討したい.

4. 出生前検査の種類

以下では，本論が問題とする，出生前検査による「専門知による人の生の支配」のあり方を明確にするために，出生前検査の種類を具体的に記述する．出生前検査は，「超音波画像診断法」，「母体血を用いた生理学的検査」，「羊水・絨毛を用いた生理学的検査」の３つに分類できる.

4.1 超音波画像診断法

超音波画像を用いる検査技術で，一般にはエコーとも呼ばれる．自治体によって一定回数の検査費用が補助される．主な目的は，胎児の骨格や臓器の発達状態を確認することだが，染色体の異数性を含む先天性の異常の多くがこの技術を用いて発見される．また，この検査技術を用いて，染色体21番のトリソミーを予測することに特化した手法として，胎児の頸部の皮膚から骨までの間隔を測定するNuchal Translucencyがある．

4.2 母体血を用いた生理学的検査

現在臨床応用されている母体血を用いた生理学的検査としては，母体血清マーカー検査とセルフリーDNA検査がある．母体血清マーカー検査は，妊婦の血液中に存在し，胎児に特定の医学的異常がある場合にその量が増減することが知られている「妊娠関連タンパク」を測定して，胎児に医学的異常がある確率を算出する技術である．検査の対象は，開放性神経管奇形，胎児腹壁破裂，21番染色体トリソミー，18番染色体トリソミーである．検査の結果は，検出される物質の量に即した検査対象の発生頻度を示す山型曲線上に，つまり確率的に示される．山型曲線上には，ある基準を用いて正常域と異常域が設定され，検査結果が正常域に入る場合には異常のない可能性が，異常域に入る場合には異常のある可能性が高いと理解される．正常域と異常域を分ける基準としては，「受検者と同年齢の妊婦での染色体異常の発症率」や，「羊水検査における流産発生頻度」等が用いられる．

一方，セルフリーDNA検査は，妊婦の血液中に存在する妊婦と胎児のDNA断片を「マーカー」として利用する検査技術である．これが所謂「新型出生前検査」である．検査対象は，染色体の異数性のみであり，今のところ染色体21番，18番，13番の異数性（トリソミー）が主な対象となっている．母体血清マーカー検査と同様に統計解析に基づく検査ではあるが，感度特異度は共に従来の母体血清マーカー検査よりも高く，検査結果が陰性の場合の確実性は99％を超える．ただし結果が陽性の場合には，妊婦の年齢によって確実性が変化する．これは妊婦の年齢があがるほど染色体の異数性の発症頻度が高くなるためである．（Palomaki, et al. 2011）

4.3 羊水・絨毛を用いた生理学的検査

羊水検査・絨毛検査は，羊水または絨毛に含まれる胎児の細胞から染色体またはDNAを検出，解析して，胎児の遺伝医学的異常を確定的に診断する技術である．また，遺伝医学的異常以外では，羊水中に含まれる胎児蛋白の量から，胎児に開放性神経管奇形のあることを診断することも可能である．羊水検査や絨毛検査には，一定の割合で流産を誘発する可能性があることから，希望する妊婦の中でも特に医学的に必要と判断される妊婦に対して提供することが推奨されている．

5. 出生前検査の何が問題か

5.1 医学による「生」のはじまりの支配

これらの出生前検査に共通するのは，胎児を「医学的に『異常』と定義される状態」且つ「検査可能な状態」を持つ胎児と，そうではない胎児とに区別する点にある．この区別は実質的に中絶を選択する規準となる．つまり出生前検査は，医学という1つの専門知による「異常」の定義と技術的可能性に基づいて，「誰が産まれるか」を決定することを可能にする．言い換えれば，出生前検査は，人の「生」のはじまりの規準を医学の「まなざし」に置く技術である．出生前検査の根源的な問題はここにある．

なぜならば「医学」を人の「生」のはじまりの規準とすることは，「医学」を人の「生」の規準とすることと同義である．つまり出生前検査は，医学というひとつの専門知による人の「生」の支配を可能にする技術であると言える．したがって出生前検査が私たちに突きつけている問いは，ひとつの専門知が私たちの「生」を支配することを受入れるのか，ということだ．そして，この問いに対するここでの答えは，「否」である．

その理由は，イリイチが「脱病院化」という概念を用いて論じたことに通じる．イリイチは，医学は政治的に「健康ケア」を支配することで「臨床的利益以上の臨床的損害を与え(中略)社会を不健康にしている政治的状況を曖昧化するどころかそれを高め，さらに自らを癒し，自らの状況を形成する個人の力を瞞着し，奪う」(Illich 1976: 1979, 12)と主張した．「何が病気を構成しているか，誰が病気か，病人に足し干て何をするかを決定する権利を医師に譲渡してしまった」すなわち「病院化」した社会では，人生さえも，「制度的に計画され，形作られなければならない統計的な現象，『生存期間』におとしめ」(前掲．63)られる．

イリイチ以後，医師を中心とする「健康ケア」のあり方は見直され，患者が主体的に医療に関わることの重要性が認識されるようになった．現在では，胎児が産まれるべきかどうか，どのように産まれるべきかを決定するのは，医師ではなく，妊婦あるいは妊婦とその家族であるとされるだろう．しかし，現在でも「産まれるべきかどうか」の検討対象となる胎児を決定しているのは医学であり，それを可能にするのは，出生前検査の技術である．医学的に定義されない状態，またいずれは医学的に定義することが可能であっても出生前検査の技術で発見されない状態の胎児について，「産まれるべきかどうか」が検討されることはない．出生前検査の技術で発見され得るということが，生のはじまりの関門となるという点で，生がそのはじまりにおいて医学に支配されていることに変わりはないと言える．

5.2　医学の専門知による「生のはじまり」の支配はなぜ問題か

「病院化」という概念によってイリイチが批判したのは，医学による健康に関する個人の自律性の侵害」であった．しかし「生のはじまり」は，具体的には胎児と妊婦という2者の身体におこる現象である．したがって「生のはじまり」における医学の支配が侵害し得るのは，健康に関する個人の自律性ではなく，胎児に関する妊婦の自律性である．

胎児の生は，妊婦がそれをどのような存在として位置付けるかにかかっている．出生前検査は，妊婦による胎児の主観的な位置付けに医学が介入することを可能にする．たとえば，グリーン(Green, 1993)がインタビューした妊婦の1人は，胎児に染色体21番の異数性のあることを示す羊水検査の結果によって，胎児に感じていた愛情がまちがいであったと言われたように感じたと述べた．このコメントは，胎児を自らの愛情の対象とする妊婦の主観が，染色体の異数性という，出生前検査の技術によって発見され得る医学的な異常の定義に侵襲されることを象徴的に表している．

ここでの問題は，胎児の生をどのように位置付けるかを判断する規準として，妊婦の主観よりも医学の専門知に基づく認識が優先され得るということにある．これを看過することができない第1の理由は，それが，人工妊娠中絶という妊婦にとっても心身への大きな負担を伴う具体的な行為に帰結し得るからだ．もちろんそのために，出生前検査の結果としての人工妊娠中絶は，妊婦の自律的な選択に基づいて行なわれるべきとされ，自律を保証するための制度設計が医療の専門家を中心として行なわれている．しかし，出生前検査が医学の専門知による妊婦の主観の侵襲を前提としている以上，ここで保証される「自律」は，あくまでも医学の専門知の支配下にある自律であると言わざるを得ない．このように「生」に対する人の自律性を制限することによって，ある1つの専門知が，それが依拠するある種の生命観を具現化していくことは，それが「人間の尊厳」の蹂躙に帰結する（小松，2012）[1]ためだけでなく，それが人の「生」への自由に対する侵害であるということのために批判の対象となる．

6. 医学による生のはじまりの支配に対する抵抗

出生前検査は，生のはじまりを医学の専門知が支配する傾向を押し進める．生に対する人の自律性を擁護するためには，これに抵抗する必要がある．しかし，人の自律性一般を尊重する立場に立てば，それは出生前検査を強制的に禁止することによってではなく，出生前検査を発展させる傾向を持つ社会の認識を変容することによってなされなければならないだろう．それは，医学の専門知に基づいて人を分類する「病院化」された「社会認識」[2]の傾向を相対化し，異なる「社会認識」の枠組みを獲得することで可能となる．ここでは，出生前検査に関連して既に存在するそのための取り組みを検討する．

6.1 医療機構内部での取り組み

出生前検査が，医学の専門知による生のはじまりの支配を可能にすることに対して，少なくとも我が国では，医療機構内部からの抵抗が行なわれてきた．母体血清マーカー検査の積極的な提供を否定した1999年の厚生科学審議会先端医療技術評価部会・出生前診断に関する専門委員会の見解や，昨年の「新型出生前検査」の臨床応用の延期は，こうした抵抗を象徴するできごととして見なすこともできる．また，日本産科婦人科学会において策定された「新型出生前検査」の提供指針でも，「障害は，その子どもを全人的にみた場合の個性の一側面でしかなく，障害という側面だけから子どもをみるのは誤りである」（日本産科婦人科学会，2013）に代表される文言によって，検査の提供にあたって妊婦とその家族に提供される情報が，医学の専門知に偏ることのないように配慮することを医療者に求めている．これは，出生前検査が提供される現場で，医学の専門知の支配を軽減する試みとして読みとることができる．

しかし，医学の専門知による生のはじまりの支配は，すでに必ずしも「病院」あるいは医療の専門家だけに責任を課すことのできる問題ではなくなっている．医学の「まなざし」は，あらゆるメディアを通じて文化として共有されており，柘植等（2009）が指摘したように，特にお産の文化「病院化」は著しく進んでいる．出生前検査における妊婦の「自律性」は，出生前検査を受けるか否かを選択する以前から，この「病院化」された文化の中で，医学の専門知による侵襲を受けている．それがどのような状態なのか具体的には不明であるにも関わらず，胎児に医学的「異常」があると知らされることが大きな不安を引き起こすのはそのためだろう．

指針が述べるように，「障害」が子どもの「一側面」でしかなかったとしても，医学的に「異常」と定義された障害を持つことは，「病院化」された社会においては「重大な一側面」であるかのように表象されており，そのような「一側面」を持つことを知りながら「産む」ことを選択することこそ非倫理的であるというような主張は，あらゆる言説の位層においてみることができる．出生前検査が可能にする，医学の専門知による「生」のはじまりの支配の文化は，そうした言説を通じても再構成され続けている．したがって医療機構内部からの抵抗だけではこの文化に抵抗することはできない．さらに言えば，医療機構こそが，そうした言説の基盤なのである．

イリイチによれば人生を「『生存期間』におとしめ」る医療の言説においては，「生存期間」を短縮させ，「その間にある生理学的ケア」の必要性を増大させる病や障害は，「人生」の重大な一側面として位置付けられざるを得ない．したがって，人の生のはじまりが，「専門知による支配」から自由であるためには，医療の外部から，病や障害をその重大な一側面とする社会の「病院化」そのものに抗う必要がある．

6.2 「当事者」からの抵抗

社会の「病院化」に抵抗する視座は，病を生きる経験を患者の立場から検討する「患者学」や，障がいを生きる経験に基づいて社会が構築する障がいについて検討する「障がい学」に求めることができる．そうした病や障がいの「当事者」による，医学が自らに与える分類の検討は，医学の専門知に影響を与えてもきた．(松原，2007)

出生前検査の対象となる病や障がいについても，その状態を生きる人の立場からの検討が行なわれている．たとえば，出生前検査の対象のひとつであるダウン症について，アルダーソン(Alderson, 2001)は，40人のダウン症のある人へのインタビューを通して，彼らが困難に感じているのは，染色体の異数性ではなく，偏見や就労の機会の少なさのためにメインストリームの社会から隔絶されているという社会的状況についてであると分析した．その上で，アルダーソンは，ダウン症を出生前検査の対象とすることの妥当性に疑問を呈した．一方，スコトコー(Skotko, 2011)等の研究は，現代においては，この分類に属する人々が家族に対して愛情を持ち，高い自己肯定感を保持して生活することが可能であるということを示した．これらの分析は，医学的にはダウン症のある人々の「生」を，医学の専門知ではなく，分類される人々の経験から捉え直す試みと言える．

また，出生前検査の対象となる病や障がいを持って生きる人々や彼らの家族が，書籍やウェブサイトを通じて公表してきた数多くの手記も，そうした病や障がいを持つ人々の「生」についての経験知を共有するメディアである．それらの手記の多くが，医学の専門知が「生」の一部を照射するに過ぎず，彼らの生活の中で最も重要な要素でもないことを綴っている．家族の経験は，医学の専門知を相対化した上で，出生前検査の対象となる医学的状態に基づいて「生のはじまり」が決定されることを問い直す契機となり得る．

ただし，「当事者」の「経験知」は，彼らを「当事者」として分類する「専門知」によって可能とされている．たとえばダウン症のある人の「経験」は，「ダウン症」という分類なしには存在し得ない．その意味では，やはりここでも医学の専門知の優位性を完全に克服することはできない．

6.3 「写真」による経験知の共有

おそらく，当事者の「経験知」にあるこの限界は，知識の共有に用いられるのがもっぱら「言語」である，という表現手段の限界に起因している．経験知の共有に言語を用いる場合，それが「誰」の経験であるのかをまず明確にする必要がある．彼らの経験は，「18番染色体のトリソミーのある子を持った親」の経験というように，医学による専門知によって付与される分類を明確にした上で表現される．つまり分類が経験よりも優位に立たざるを得ない．この限界を乗り越える試みとして，ここでは「写真」を用いた経験知の共有について検討してみたい．

病や障がいを持つ人やその家族の経験は，しばしば「写真」を通して共有される．特に，ウェブサイト上で共有される言説は，そのほとんどに「写真」が添付されている．それらの写真は，言語による表現を補う目的で添付されていたとしても，言語表現の単なる補足を超えた機能を持ち得る．「写真と言葉とは異質の系に属しているし，世界をつかむ方法が違っている．」(多木，2003, 92)

病や障がいを持つ人やその家族の「物語」に添付される写真のほとんどは，所謂「家族写真」である．「家族写真」は，カメラが一般に普及し「写真が家庭生活の儀式になった」(Sontag, 1977:

1979, 15)ことで登場した「一家をめぐっての証言」(前掲)である．「家族写真」において「重要なのは，その写真を撮りたいと思わせた出来事や瞬間を共有する，愛する人の存在なのであ(り)，」(Cotton, 2004: 2010, 137)そこには「健全に機能している家族の姿」(前掲，138)が映し出される．つまり家族写真は，病や障がいを持つ人やその家族に“(括弧付きの)”「健全な」家族関係の存在することを「証明」する手段である．したがって，それは，医学の専門知が分類する人の生活を，「医学の専門知」を基盤として「異常」としてのみ認識させる「病院化」された認識の傾向に対して，異なる認識の基盤が存在し得ることを「証明」する有効な抵抗の手段となり得る．

6.4 Shifting Perspectives Project

ダウン症については，さらに，医学の専門知に基づく認識を問う手段として写真を意識的に用いた活動として，*Shifting Perspectives Project*が存在する[3)]．これは，ダウン症の子どもを持つプロの写真家たち集まって，子どもたちを記録した家族写真をカフェに展示したことに単を発する，写真による表象活動である．2003年に開催されたスナップ写真の展示会をきっかけとし，2005年から英国ダウン症協会の主催で2013年まで，英国，アイルランドの各地，及び日本を含む世界8カ国で企画展が開催されてきた．

「このプロジェクトは，写真によってダウン症のある人の表象や偏見を探求し，成人と子ども両方についての異なる表象の仕方を検討しています．」(日本ダウン症協会大阪支部，2013，4)とアンドリュースが解説するように，*Shifting Perspectives Project*は，写真を用いてダウン症についての医学的な認識を問うことを目的の一つとする活動である．2013年に発行されたカタログには，20名の作家による作品37点が収録されている．それらの作品は主に，自分の子どもを被写体とする家族写真を発展させた「私写真(インティメート・フォトグラフィー)」，作家が予め設定したテーマに沿って構成されたダウン症のある子どもや成人のポートレート，そしてダウン症のある人による風景写真と絵画作品が含まれる．アンドリュースによれば，それらは「表現と写真芸術の課題を良く知るアーティストとして，ごく個人的な視点から，彼ら自身の生活を探求した」(前掲)結果である．

たとえば，365人の子どもたちのポートレートによって構成されるリチャード・ベイリー(Richard Bailey)の作品*365*(図1)は，「イングランドだけで，毎日一人か二人の子どもがダウン症を持って産まれて(くる)」という事実と共に，「それらの子ども達が実際には互いにどれほど異なっているのか」(Bailey, 2013, 6)を表象している．そしてダウン症のある娘の父親でもあるベイリーは，*365*の製作を通して，「多くのダウン症のある子ども達と出会うことで，(中略)子ども達には幅広い可能性と障がいがあるということを知らされ(た)」(前掲，5)経験に基づき，その後の6つのポートレート作品を製作している．ベイリーの作品に代表されるダウン症の子どもや若者のポートレート写真は，ダウン症のある「個性」と「可能性(ability)」に照準を当てることで，彼らの遺伝学的な「普遍性」と「障がい(disability)」に照準を当てる医学の専門知に対して問いを投げかける．

一方，エメル・ジレスピー(Emer Gillespie)による*Picture You, Picture Me*(図2)は，同じ構図の中で，ジレスピーと娘がそれぞれ撮影者の役割を交互に演じた，「私写真」に分類される作品である．作品は，撮影者と被写体が交互に入れ替わることで，撮る側と撮られる側の関係性を問うているが，同時にそれは親と子の関係性についてのメタファーである．それは，それぞれに異なる意思を持つ存在としての親と子の日常的な関係性が存在する「証拠」の表象でもある．娘にはダウン症があるが，作品にはそのことが全く表されていない．しかし，それがダウン症に関する表象のプロジェクトに組み込まれることによって，医学的な専門知を基盤としないダウン症のある家族の生に対する認識の可能性が提示されている．ジレスピーの作品に代表される，ダウン症のある家族に関する「私写真」は，家族写真において表現される「健全」な家族関係の要素をより明確に抽出し表象することで，医学的専門知に基づいて一般化された「異常」としての「ダウン症」という認識に問いを投げかける．

ジレスピーによるもう一つの作品，*The Fact*（図3）は，娘にダウン症があるという医学的な専門知に基づく「事実」を，娘との関係性の中で意識的に捉え直した「私写真」である．作品は，産まれた娘にダウン症の可能性があると告げられ，染色体の解析結果を待つ間，ダウン症について書かれた医学的な解説を読み，そこにあげられたダウン症の特徴を娘の身体に確認していった経験に基づいている．ジレスピーは，撮影当時10歳になっていた娘を被写体として，医学的にダウン症の特徴とされる身体のいくつかの部位にフォーカスした作品を並べた後，笑顔でポーズをとる上半身のクローズアップと全身を捉えた作品を置く．被写体である娘の表情，髪の色や長さ，服装やしぐさは，その個性を強調している．そして作品全体を通して，ジレスピーは「娘はダウン症であり，それ以外の全てでもある」（Gillespie, 2013）という結論を表現している．このジレスピーの結論は，プロジェクトに参加する写真家たちの，ダウン症についての経験知に基づく認識を代表している．

*Shifting Perspectives Project*は，家族関係の証明としての「家族写真」を出発点としながら，「家族写真」に映し出される被写体に対する家族の認識を，被写体に対する「病院化」された社会認識に対する問題提起として抽出し再構成している．それは，言語を主要な手段としないために被写体の医学的な分類名を冠することなく表現し得る，「写真」という手段によって可能となっている．同時に写真は，「私たちの感覚のなかでもっとも優位を占めてきた」（多木，2008，11）視覚に作用する表現手段であることから，医学的な専門知に基づく社会認識への問題提起としての家族の経験に基づく認識を，広く社会に伝える有効なコミュニケーションの技法でもある．*Shifting Perspectives Project*は，ダウン症に関する医学的な専門知に基づく認識を主に共有してきた社会の中で，家族の経験知に基づく認識の領域を拡大し，ダウン症のある人々の「生」について社会で共有される認識を変容させることを目指す．したがって，このプロジェクトは，医学の専門知による人の「生」の支配に対する，家族の経験に基づく抵抗の1つの現れである．

7．おわりに

出生前検査が拡大し，1つの専門知が生をそのはじまりにおいて支配する傾向がより一層高まっている中で，必要されているのは，医学の専門知を相対化し得る社会認識である．出生前検査は，医学の専門知に基づいて胎児を分類することで，胎児に対する妊婦の主観を侵襲し，生のはじまりを支配する力として機能する．それは，自らの身体についての人の自律性を損なう「病院化」のひとつであり，新しい技術は「病院化」をさらに押し進める．これに抵抗するためには，医療機構の中で人の自律性を保証する制度を担保するだけでは不十分である．なぜなら「病院化」は病院ではなく社会に生じる文化的変容だからだ．したがって出生前検査による「生」のはじまりの「病院化」に抗うためには，医学の専門知を相対化する認識を獲得する必要がある．これまでに論じられてきたように「当事者」の経験知は，医学の専門知を相対化するための視座を提供する．ただし，「当事者」の経験知は，それが言語を表現手段とする以上，医学の専門知に基づく「当事者」としての分類を前提とせざるを得ない．そこでここでは，言語を用いない表象手段として写真に着目し，写真を用いた既存の取り組みについて検討した．

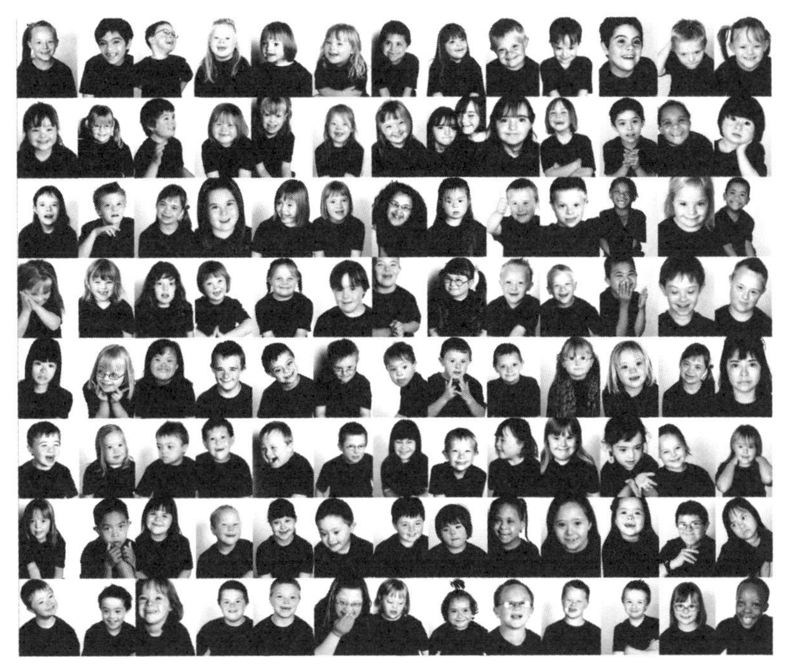

図 1　Bailey, R.*365*（2005）抜粋

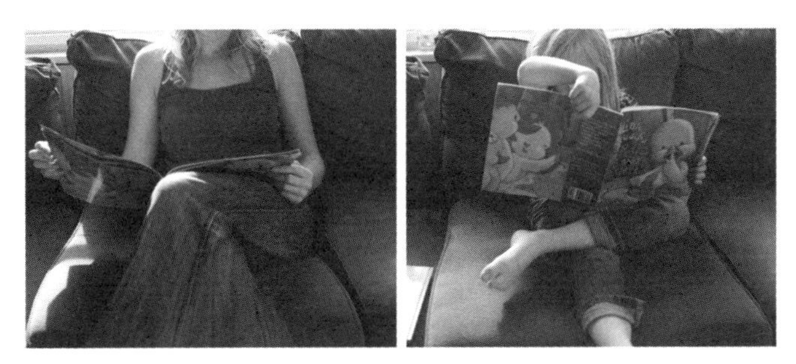

図 2　Gillespie, E. *Picture You, Picture Me*（2009–2012）抜粋

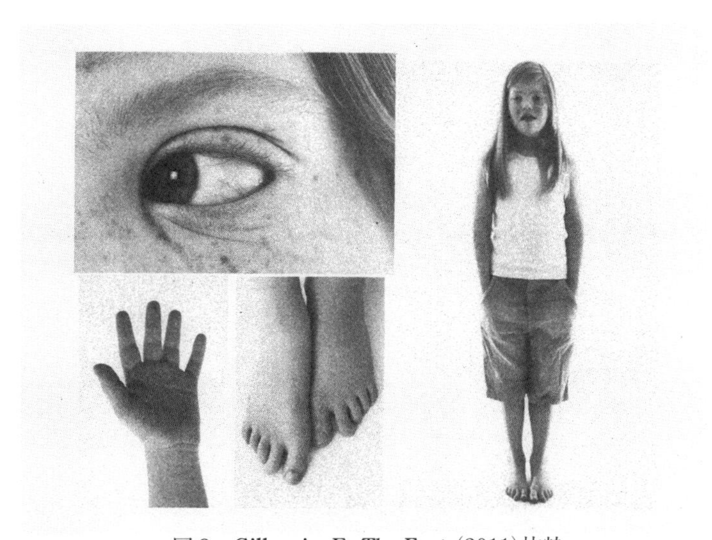

図 3　Gillespie, E. *The Facts*（2011）抜粋

謝辞
本研究は，日本学術振興会特別研究員奨励費(23-10783)を受けて行なうものです．Shifting Perspectives Japanは，科学技術社会論学会/公益社団法人倶進会による支援を受けています．また本論文に作品を提供して下さったRichard Bailey氏，及び英国ダウン症協会Shifting Perspectives Projectに感謝致します．最後になりますが，佐倉統先生，玉井真理子先生のご支援とご助言に感謝致します．

■注

1）小松(2012)は，ナチス・ドイツによるユダヤ人大量虐殺を正当化した医師等の言説に表れる彼らの生命観の系譜を検討し，「人間の尊厳の擁護」に集約されるその生命観が，逆説的に「人間の尊厳」を蹂躙するとみなされる行為の下地となったことを明るみにしている．
2）フラー(Fuller, 2001)は「社会認識」という概念を用いて知識生産における認識の多様性を担保する立場について論じている．フラーが扱うのは主に科学における知識生産であるが，ここでは,「社会認識」の範囲を「公共の科学・技術」をめぐる議論(Irwin, 1995)に基づき，科学の外で生産される「経験知」にまで拡大している．
3）日本でも，大阪を中心としたダウン症のあるこどもを持つ母親の会「bochi bochiの会」が主催した写真展「ぼちぼちいこか，いっしょにね」(2011-2013)や，京都府内の親の会「トコトコの会京都」が主催した写真展「しあわせのかたち」(2011)がある．

■参考文献

Alderson, P. 2001: “Down’s syndrome: cost, quality and value of life,” *Social Science and Medicine* 53: 627-38.
Bailey R. (ed.) 2013: *Shifting Perspectives 2005-2012*. BH Editions.
Charo R. A. and Rothenberg K. H. 1994: “‘The Good Mother’: the Limits of Reproductive Accountability and Genetic Choice,” Rothenberg, K. H. and Thomson, E. J (eds.) *Women & Prenatal Testing: Facing the Challenges of Genetic Technology*: *y.* Ohio State University Press105-30.
Conrad, P. 2007: *The Medicalization of Society: On the Transformation of Human Conditions into Treatable Disorders*. Johns Hopkins University Press.
Cotton, S. 2004: *The Photography as contemporary Art*; 大橋悦子，大木美智子訳『現代写真論：コンテンポラリーアートとしての写真のゆくえ』晶文社，2010.
Foucault, M. 1963: *Naissance de la Clinique: un archeologie du regard medical*; 神谷美恵子訳『臨床医学の誕生』みすず書房，1969.
Fuller, S. 2002: *Social Epistemology: Second Edition*. Indiana University Press.
Gates, E. A. 1994: “Prenatal Genetic Testing: Does It Benefit Pregnant Women?” Rothenberg, K. H. and Thomson, E. J (eds.) *Women & Prenatal Testing: Facing the Challenges of Genetic Technology*: *y.* Ohio State University Press. 183-200.
Gillespie, E. 2013: “Picture You, Picture Me” Bailey R. (ed.) *Shifting Perspectives 2005-2012*. BH Editions: 無記載.
Gillespie, E. 2013: “The Facts” Bailey R. (ed.) 2013: *Shifting Perspectives 2005-2012*. BH Editions: 無記載.
Green, JM. 1993: “Pregnant women’s attitudes to abortion and prenatal screening,” *Journal of Reproductive and Infant Psychology* 11(1): 31-39.
Illich, I. 1975: *Medical Nemesis*; 金子嗣郎訳『脱病院化社会：医療の限界』晶文社，1979.
International Society for Prenatal Diagnosis, 2011: *Prenatal Detection of Down Syndrome using Massively*

Parallel Sequencing (MPS): a rapid response statement from a committee on behalf of the Board of the International Society for Prenatal Diagnosis.
Irwin, A. 1995: *Citizen Science Citizen Science: A Study of People, Expertise and Sustainable Development.* Routledge.
Jennings, B. 2000: "Technology and the Genetic Imaginary: Prenatal Testing and the construction of Disability," Erik Parens, E and Asch, A (eds.) *Prenatal Testing and Disability Rights.* Georgetown University Press.
Katz-Rothman, B. 1993: *The Tentative Pregnancy: How Amniocentesis Changes the Experience of Motherhood.* W. W. Norton & Company.
Katz-Rothman, B. 1994: "The Tentative Pregnancy: Then and Now," Rothenberg, K. H. and Thomson, E. J (eds.) *Women & Prenatal Testing: Facing the Challenges of Genetic Technologyy.* Ohio State University Press: 260–70.
Kitcher, P. 1997: *Lives to Come: The Genetic Revolution and Human Possibilities.* Free Press.
厚生科学審議会先端医療技術評価部会・出生前診断に関する専門委員会 1999：『母体血清マーカー検査に関する見解』.
小松美彦 2012：『生権力の歴史』，青土社.
Lippman, A. 1992: "Led (Astray) by Genetic Maps," *Social Science Medicine* 35: 1470–1471.
松原洋子 2007：「遺伝子・患者・市民．」柘植あづみ・加藤秀一編『遺伝子技術の社会学』，文化書房博文社：63–77.
日本産科婦人科学会 2012：『出生前に行なわれる検査および診断に関する見解』（1988：『先天異常の胎児診断，特に妊娠絨毛検査に関する見解』）.
日本産科婦人科学会 2013：『母体血を用いた新しい出生前遺伝学的検査に関する指針』.
Oakley, A. 1984: *The Camptured Womb: A history of the medical care of pregnant women.* Basil Blackwell.
Oliver, M. 1990: *The Politics of Disablement.* Palgrave Macmillan.
Palomaki, GE. et al. 2011: "DNA sequencing of maternal plasma to detet Down syndrome: an international clinical validation study," *Genetic Medicine* 13(11): 913–920.
Press, A. N. and Browner, C. H. 1994: "Collective Silence, Collective Fictions: How Prenatal Diagnostic Testing Became Part of Routine Prenatal Care" In Rothenberg, K. H. and Thomson, E. J (eds.) *Women & Prenatal Testing: Facing the Challenges of Genetic Technology.* Ohio State University Press: 201–18.
Purdy, L. M. 1996: *Reproducing Persons: Issues in Feminist Bioethics.* Cornel University Press.
Rapp, R. 2007: *Testing Women, Testing the Fetus.* Taylor & Francis.
Shakespeare, T. 1999: " 'Losing the plot'? Medical and activist discourses of contemporary genetics and disability," *Sociology of Health and Illness* 21(5): 669–88.
Skotko, BG., Levine, SP., and Goldstein, R. 2011: "Self-perceptions from People with Down Syndrome," *American Journal of Medical Genetics*, Part A: 155: 2360–2369.
Sontag, S. 1977: *On Photography;* 近藤耕人訳『写真論』晶文社，1979.
日本ダウン症協会大阪支部 2013：『ダウン症：家族のまなざし大阪展　カタログ』.
多木浩二 2003：『写真論集成』岩波現代文庫.
多木浩二 2008：『眼の隠喩：視線の現象学』ちくま学芸文庫.
柘植あづみ，菅野摂子，石黒眞理 2009：『妊娠：あなたの妊娠と出生前検査の経験をおしえてください』洛北出版.

Against the Domination of Human Life by an Expertise with Antenatal Testing Technology

WATANABE Maiko

Abstract

Discussion on the social implication of antenatal testing technology has become active in Japan, yet again, since the announcement that provision of the "new antenatal test" will start in the end of August, 2012. Based on the critiques on "medicalization" in the field of medical sociology and "domination of human life by expertise" in the field of Science and Technology Studies, the paper argues that the prenatal testing technology is the devise for medical expertise to dominate human life. In order to against this invasion of our autonomy for human life, it is necessary to relativize medical expertise within various forms of knowledge about human life that exist in society. Knowledge based on the experience of people, whom medical expertise categorizes as "anomaly", is especially important in this context. The paper lastly introduces a project purporting to share the experience of people with trisomy of chromosome 21, one of the targets of prenatal testing technologies.

Keywords: Expertise, Medicalization, Antenatal test

Received: February 26, 2013; Accepted in final form: October 28, 2013
*Assistant Professor; Integrated Human Sciences Program for Cultural Diversity, The University of Tokyo; wtnbmk@ihs.c.u-tokyo.ac.jp

話　題

4S-ECOCITE2014参加記録

藤垣　裕子*

2014年8月20日から23日まで，アルゼンチンの首都ブエノスアイレスのインターコンチネンタルホテルにて，第39回4SとECOCITE（南米STS会議）との合同会議が開催された．参加者総数は950人で，4年前の東京大会（958人）とほぼ同数の参加者数であった．発表言語として英語，スペイン語，ポルトガル語の三か国語が使用され，学会賞セッション（プライズ・セッション）では，同時通訳も用意されていた．参加者はやはり南米の研究者が多く，いつもの4Sでは聞けない南米でのSTS研究の先端を垣間見ることができ，興味深いものであった．米国人の参加は例年より少なく，逆に欧州からの参加者，とくに英国からの参加者の多さがめだった会議であった．Alan Irwin氏（2012年4S-EASSTコペンハーゲン大会のプログラムチェア）とバンケット前に会話を交わしたが，彼いわく，「今回のブエノスアイレス大会は，4年前の東京大会と似ている．4Sにそれまで加わっていなかった新しいメンバが多数加わったという点で．」確かに，東京大会を機に4Sへのアジアの参加者数はかなり増えた．今年の大会以降，南米の参加者も増加していくのかもしれない．以下にいくつかの項目にわけて会議概要を報告する．

〈プレジデント・プレナリ〉

20日水曜夕刻より，4S会長およびECOCITE会長合同によるプレジデント・プレナリが開催された．「STSは何のために？　STS研究者は何のために？　STSをつくることと実践すること」というテーマのもと，北米・南米・欧州・アジアの各地域から24人の研究者がSTSの実践について3分間スピーチをするというもので，実に印象的であった．スペイン語およびポルトガル語によるスピーチもあったが，3つの画面で英語もふくめて三か国語のスライドが同時に映されたため，内容を追うことは可能であった．まず，ECOCITE会長が挨拶し，今回の合同大会に至るまでの経緯を説明したあと，南米で4Sとの合同会議を開催した場合，南米のメンバが，「帝国主義よ，去れ！」「ヤンキーよ，去れ！」と言って米国人を攻撃するのではないかと思って心配した，と述べた．なるほど．2010年東京大会のとき，我々はオリエンタリズム（文学，歴史学，文献学，社会誌など文系の学問のなかで，西洋の書き手や設計者や芸術家の表現，描写，叙述のなかに無意識に用いられている中東や東アジア文化に対する見方の偏向を指すために，E. W. サイードが用いた言葉）を気にしたが，

2014年9月30日受付　2014年10月7日掲載決定
*東京大学大学院総合文化研究科教授，目黒区駒場3-8-1

南米にはそれと似て非なるラテンアメリカニズムの問題があるのだと痛感した．

これに続く24人のスピーチは圧巻で，たとえば，STSの概念はImmutable mobile（Latour, 1996）なのではないか，だからどの地域でもグローバルに成立すると考えるのは疑問であるとする問題提起，いくつかの現場でのSituated intervention（状況依存した介入）の例，De-generalization（脱一般化）の主張など，現場にねざした興味深い主張が続いた．各人の引用も示唆的で，「解釈するだけでなく，実行せよ．世界を変えよChange the World.」（Bijker, 2003），「Opening up promising reflexivity.」「Challenging boundary that is constructed, but could be “otherwise”.」「Any technology is “political.”」など，現場の文脈のなかに置かれてこそ生きる言葉が多く示された．アジアからは，東アジアSTSジャーナル編集者のChia-Ling Wu氏と現在4S理事の伊藤憲二氏がスピーチをした．Chia-Lingは台湾でのStreet-Science（市民をまきこんだSTS的議論）の話をし，伊藤さんは総研大での科学者への教養教育の紹介をしたうえで，「Reflexive Scientistを作る」という抱負について語った．皆がそれぞれの国で，STS研究者として社会に責任を果たしていることがわかり，こころ強く思った．東日本大震災以後，我々日本のSTS研究者も，日本学術会議の分科会や，科学技術・学術審議会の場や，福島県立医科大学の国際シンポジウムなどで助言を求められることが多くなっているが，プレジデント・プレナリでの24人の発表は，それらの助言活動をするうえでのたくさんの勇気をもらったように思う．最後に4S会長のGary Downyが，「Celebrate “your dirty hand”（あなたの「汚れた手」を祝福せよ）」でプレナリを締めくくったのも印象的であった．技術倫理の研究者として現場で泥にまみれてきたからこそ，言える言葉なのだろうと思う．もし東京大会で同様に，アジア・欧州・米国の三地域の現場の実践の3分間スピーチを18人分でもやったら，面白かっただろうな，とも感じた．

〈パラレルセッション〉

4日間で14タイムスロットにわたり，180近いセッションが開かれた．出席したいくつかのセッションについて紹介する．まず”Combining Scientometrics and Indexes with Studies on Gender in Science”（20日8:30–10:30）であるが，接点の希薄な科学計量学（サイエントメトリクス）とジェンダー研究を結びつけようとする発表群だった．たとえば，ジェンダー・ギャップ指数といった指標（ちなみに日本は105位で，先進諸国で最低である．日本経済新聞5月26日朝刊参照）を計算することは，ジェンダーバイアスを社会に訴えかけ，解消する対策を考えるうえで役立つ．言われてみれば当然であるが，たしかに楽しい発想である．これまでサイエントメトリクスは，数値にすることによって排除されてしまうことがらが大変多いために，STS研究のかなりの割合を占める質的研究からは批判の対象であった．しかし，それを逆手にとって，数のうえからジェンダーバイアスがあることを立証できるというのは，確かである．フロアからは，測りたい対象をどうやって測るか，各種の指標の選択，指標作成のときのもととなる数値の選択，そしてその数値のソースとして何を使うか，といった事柄が議論された．

続いてBeyond Imported Magic: An International Discussion on STS and Latin America（21日8：30–10：30）では，すでに出版されたBeyond Imported Magic: Essays on STS in Latin America, MIT Pressという本をもとに，ラテンアメリカにおけるSTSが紹介された．このセッションで感じたのは，上記のプレジデンタル・プレナリで南米の研究者がスペイン語やポルトガル語で生き生きと語った研究の最先端と，英語で出版された南米STSの紹介との間のギャップである．このセッションのような南米以外のひとによるラテンアメリカのSTS研究と，南米のひとの手による母国語によるSTS研究との間にかい離が存在することが示唆された．この点は，日本も他人事とはいえないかもしれない．同じ時間帯でのExperimental Entanglements: Re-imaging Vital Filedのセッションでは，日本で白楽氏による翻訳のでている科学者Grinnel氏による発表があった．科学者の毎日の実践と論文との間のかい離がどう生まれるかについての報告，毎日の実践のなかからデータが選択され，内容が再構成され，論文となるプロセスの自覚的報告で，近年の研究不正と比較考察するうえで参考となった．

さらにScience, Theory and Conceptual Innovation（22日8：30–10：30）では，The Third Waveの論文で有名なCollins & Evansのうち，Evansのほうの発表があり，第三の波の論文を援用しながら，3つ目の波のなかにある現在は，「科学を不完全と考える」かつ，「科学が完全であるかのように科学を利用する」フェーズにあることを示した．フロアからは，科学と価値をめぐる質問が出された。異なる価値をもつグループ群が，不完全である科学を完全であるようかのように利用する際，互いに異なる科学的根拠をひきあいに出したとき，それをどう調整するかについての議論が展開された．英国人同士のシビアな議論であったが，フロアのひとたちが，社会心理学でいうところのSVS理論（主要価値仮説）をひきあいに出さないまでも，それと同じ状況を「経験」としてもっていることが示唆されて興味深く思われた．このセッションの最後の発表はSteven Epsteinによる Buzz-word研究で，たいへん面白かった．まず，「男性の性的健康」という言葉が現代社会で頻繁に使われる状況の説明から，Buzz-wordが何故うまれるのか，そしてBuzz-wordとはそもそも何か，という形で議論がすすんでいく．状況，背景の説明ののち，1）この言葉（概念）のもつ政治性の分析，2）他の概念（STSの）との関係，差異化，3）Buzz-word研究は何を「拓く」ことになるのか，今後の方向性についての議論となり，STS研究のすすめかたのひとつの典型として俊逸であった．

〈4Sビジネスミーティング〉

22日金曜6時半からは4Sのビジネスミーティングが開かれた．まず会長から，ECOCITEはこれまで学会（Professional society）ではなくCongressであったのだが，この合同会議を機にSocietyになるのだ，と報告があった（この点は，4S Technoscience, September, 2014にも記述されている）．Societyになるということは，運営が民主的になされ，きちんと選挙で代表や理事を選ぶことを意味する．また，学会の活動報告として，各種学会賞委員会の状況，ハンドブックの編集，オープンアクセスジャーナルの編集，実践委員会（Making/Doing Committee）報告，解明レポート（Resolution-Report），学生メンタリング，Webデザインの件などが報告されたほか，財政報告，任期満了の理事の紹介，新役員の紹介があった．日本のSTS学会との違いは，日本の学会は賞が1つであるのに対し，4Sは5つ（Mullins, Carson, Fleck, David-Edge, Bernal）あること，日本の学会は大学が会場となるため，毎年年会の場所を決めるのが大変であるのに対し，4Sはホテル開催であるため，それとは別の問題が生じていることなどである．なお，2015年度の4Sはデンバーで11月に開催，2016年度はEASSTと共同で欧州で開催，2017年度についてはアジアでの開催が議論されていて，韓国，台湾，シンガポールなどが候補にあがっているとのことである．

〈タンゴショーとタンゴレッスン〉

アトラクションとしてアルゼンチンタンゴの講習会が20日水曜夜に行われ，75人が参加した．

また21日木曜夜のバンケットではプロによるアルゼンチンタンゴのショーが行われた．プロのショーの後，フロアは一般参加者によるダンスタイムに解放され，前日に講習会を受けた人たちをはじめ多くのひとたちが参加した．一般に社交ダンスはモダン(ワルツなど男女が上半身をホールドして踊るもの)とラテン(サンバなど男女がホールドせずに手だけを組んで踊るもの)に分けられるが，アルゼンチンタンゴが面白いのは，上半身はモダンと同様ホールドをするのに，下半身の動きはラテンなみであるという点である．プロのダンスショーの模様は，4Sのホームページにビデオが公開されているので，興味を持たれた方はご参照ください．

科学および科学技術とジェンダー

小川眞里子*

標題のテーマについて最近のニュースを二つお知らせする．一つは2014年8月に文部科学省生涯学習政策局長河村潤子氏，そして内閣府男女共同参画局長武川恵子氏との面談の機会を得て明らかになったことである．十分な時間を割いて面談に応じて下さった両局長に感謝申し上げるとともに，仲介の労をお取りくださった北海道大学大学院農学研究院教授有賀早苗先生，城西大学国際人文学部客員教授原ひろ子先生に感謝申し上げる．これで現状が明らかになり，両局長のご尽力で今後大幅な改善の見込みが立つことによって，他国に比べ性別統計の整備が遅れている我が国に確かなデータ基盤をもたらす見通しが立った．こちらについては詳しい分析をされた横山美和氏から報告する．もう一つは8月下旬にインドのハイデラバードで行われた第12回世界女性会議の様子である．科研費による研究グループから河野銀子氏が出席され，その報告である．

「分野別女性割合」を示すグラフについて

お茶の水女子大学大学院人間文化創成科学研究科研究院研究員　横山美和

大学における職位別の女性教員の比率を表すものとして，『男女共同参画白書』の「大学教員における分野別女性割合」はよく引用されるグラフである．ほぼすべての分野で，職位が高くなるごとに女性割合は急激に低下し，特に理・工・農学部では女性教授は5%に満たないなどの，理系での女性の苦戦ぶりを明らかにしてきた．このグラフの元となっている『学校基本調査』を作成している文部科学省生涯学習政策局ならびに，グラフを作成している男女共同参画局の双方から話を聞く機会を得て，このグラフ作成に関するご苦労を伺うことができた．『学校基本調査』では，職位別と学部別の男女の教員実数は掲載されているが，複雑な学部ごとに網羅的に表記されており（たとえば表現学部とか観光産業科学部とか），これらのデータを内部資料に基づいて地道に分野別に再分類している（グラフでは9分野）ということであった．

この面会の中でもう一つ明らかとなったことがある．それは，「大学教員における分野別女性割合」は，学部所属の教員数だけを対象としており，「教養部・附属病院・附置研究所・大学院・その他（以下大学院等）」に所属する教員数は反映されていないということである．『学校基本調査（平成25年版）』によれば，国立・公立・私立の大学合わせて，大学院等に所属する教員割合はおよ

2014年9月30日受付　2014年10月7日掲載決定
＊三重大学人文学部特任教授，〒514-8507 三重県津市栗真町屋町1577，ogawa@human.mie-u.ac.jp

そ35%，男性では約38%，女性は約25%である．特に国立大学においては大学院等に所属する教員の割合が高く，全体で約78%，男性は79%，女性は73%に上る．つまり，これだけの教員数が現状では「大学教員における分野別女性割合」に反映されていない．もし大学院等の男性教員の割合がグラフに反映されたなら，「分野別女性割合」は変動することになるであろう．また，大学院等のレベルに所属する教員数を男女比で見ると男性と女性はおよそ84%と16%であり，これに対して学部レベルではおよそ75%と25%である．大学院や研究所所属の教員は専門分野に特化された研究職としての面が大きい傾向があるが，女性はこのレベルへの参画が遅れていることもわかる．

今回の面談を通して，文部科学省生涯学習政策局も男女共同参画局においても，相互に連携して調査結果をよりわかりやすいものにしていくという前向きな姿勢を示してくださった．我々も，より有意義な結果を世界に発信していきたい．

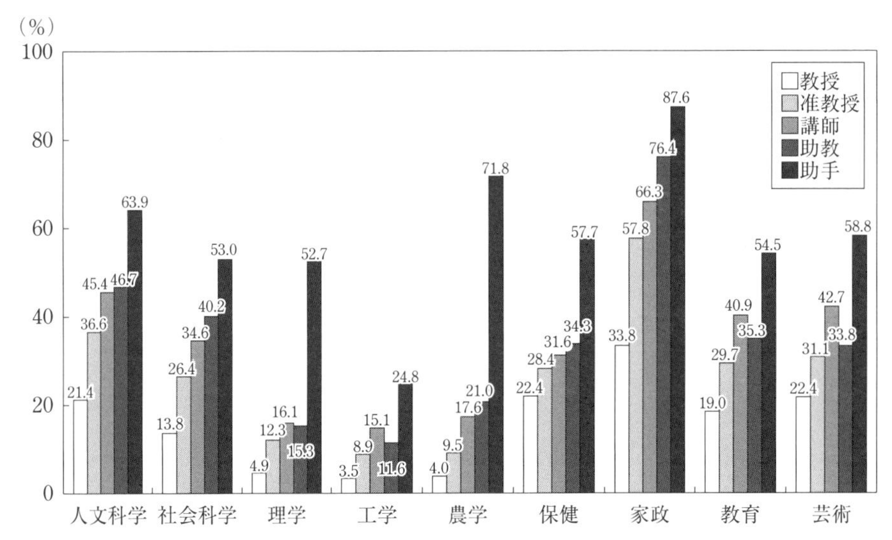

（備考）文部科学省「学校基本調査」（平成25年度）より作成。

大学教員における分野別女性割合(平成25年)

出典：内閣府男女共同参画局(2014)『男女共同参画白書　平成26年版』

科学とジェンダーに関する研究動向

山形大学地域教育文化部教授　河野銀子

欧米においては，1980年代頃から，科学(技術)分野への女性の参画の低さという課題が認識され，量的(統計的)研究に加えて質的(観察など)研究が蓄積されてきた．その成果は科学技術政策にも反映され，女性研究者の参画促進プログラムが立案・実施されるようになっただけでなく，それらが次なる政策的取組みを促している．こうした往還を通して，この課題に対する視点は，「女性自身の問題」から，「組織の問題」へとシフトしてきた．知の生産の場である大学等の制度や不文律が，専業主婦のいる(白人)男性のライフスタイルやそれに基づく価値志向をもっていることが，女性の参入障壁となっていることが明らかにされ，家事育児等との両立を可能とする新たなしくみの構築が求められている．

アジアにおいても，科学分野での女性の参画の低比率という実態があるが，それに対する問題意識および研究は少なく，世界に向けた発信もほとんどなされてこなかった．そのような中，2014年8月の「12th Women's Worlds Congress」において，“Gender Science and Technology: organisational and political interventions in Asia”というセッションがもたれたことは画期的であったといえよう．セッションには，イギリスのClem Herman氏(Senior Lecturer/Associate Professor, Department of Computing and Communications, The Open University)，インドのNeelam Kumar氏(NISTADS)， 韓 国 のEunkyoung Lee氏(Professor, Department of Science Studies, College of Natural Science, Chonbuk National University, Korea)，そして日本からは河野が登壇し，それぞれの報告の後，フロアとの質疑応答や全体討議が行われた．

本稿では，河野の報告の一部を紹介したい．報告内容は，小川眞里子氏(三重大学特任教授)を代表とする日本・韓国・台湾の共同研究によるこれまでの成果で，東アジア3カ国の高等教育(理論ベースの教育機関)における女性学生および女性研究者の実態を，①EUの政策エビデンスともなっている*She Figures 2012*の27か国平均と比較，②3カ国の経年変化の比較を報告した．以下に，①について，全専攻と理工系分野に分けて紹介しよう(図1，図2)．

・全専攻(図1)

EU平均は，大学入学時の学生割合は女性の方が高く，3段階目(ISCED6)を境に男女の学生割合が逆転し，その後の男女差が拡大している．グラフの形状から「ハサミの図」といわれているが，東アジア3カ国にはそうした特徴はみられない．台湾のみ，大学入学時に女性割合の方が高いものの，高等教育の初期の段階から男性割合が高い．

・理工系分野(図2)

EU平均においても男女間の差が大きく，「ハサミの図」にはならない．興味深いのは，EUの学生の男女間の差は東アジアのそれより小さいが，大学教員についてはEUと韓国の間にほとんど差はみられず，台湾においてはEUより男女間の差が小さいことである．このように，それぞれが特徴をもっていることが示されたが，日本のグラフは教育段階の4番目までで切れている．分野と職位を同時に示すジェンダー統計そのものがないためである．

以上のように日本のデータは，科学分野への女性の参画促進を検討するのに十分ではなく，②に

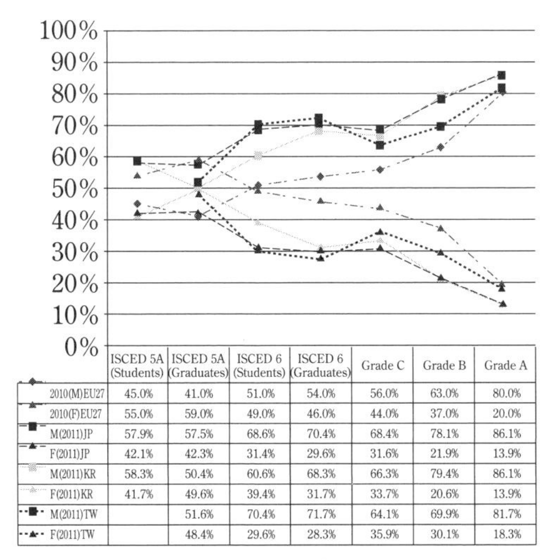

	ISCED 5A (Students)	ISCED 5A (Graduates)	ISCED 6 (Students)	ISCED 6 (Graduates)	Grade C	Grade B	Grade A
2010(M)EU27	45.0%	41.0%	51.0%	54.0%	56.0%	63.0%	80.0%
2010(F)EU27	55.0%	59.0%	49.0%	46.0%	44.0%	37.0%	20.0%
M(2011)JP	57.9%	57.5%	68.6%	70.4%	68.4%	78.1%	86.1%
F(2011)JP	42.1%	42.3%	31.4%	29.6%	31.6%	21.9%	13.9%
M(2011)KR	58.3%	50.4%	60.6%	68.3%	66.3%	79.4%	86.1%
F(2011)KR	41.7%	49.6%	39.4%	31.7%	33.7%	20.6%	13.9%
M(2011)TW		51.6%	70.4%	71.7%	64.1%	69.9%	81.7%
F(2011)TW		48.4%	29.6%	28.3%	35.9%	30.1%	18.3%

図1 Proportions of women and men in a typical academic career, students and academic staff, EU27(2010), JP, KR, TW, 2011

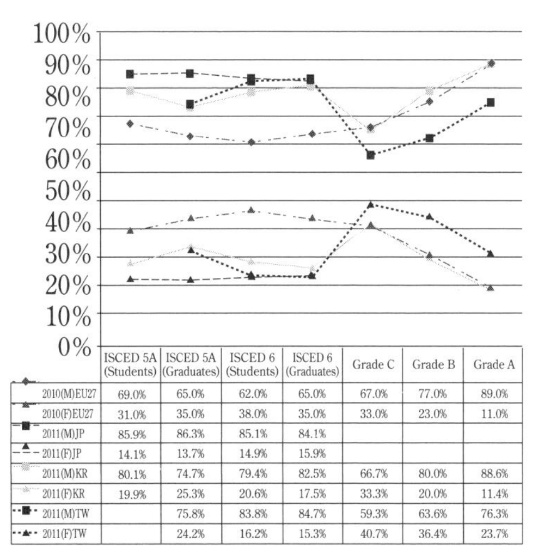

	ISCED 5A (Students)	ISCED 5A (Graduates)	ISCED 6 (Students)	ISCED 6 (Graduates)	Grade C	Grade B	Grade A
2010(M)EU27	69.0%	65.0%	62.0%	65.0%	67.0%	77.0%	89.0%
2010(F)EU27	31.0%	35.0%	38.0%	35.0%	33.0%	23.0%	11.0%
2011(M)JP	85.9%	86.3%	85.1%	84.1%			
2011(F)JP	14.1%	13.7%	14.9%	15.9%			
2011(M)KR	80.1%	74.7%	79.4%	82.5%	66.7%	80.0%	88.6%
2011(F)KR	19.9%	25.3%	20.6%	17.5%	33.3%	20.0%	11.4%
2011(M)TW		75.8%	83.8%	84.7%	59.3%	63.6%	76.3%
2011(F)TW		24.2%	16.2%	15.3%	40.7%	36.4%	23.7%

図2 Proportions of women and men in a typical academic career, students and academic staff in S&T, EU27(2010), JP, KR TW, 2011

ついても，全専攻での比較しかできなかった．EUの科学技術政策がこうしたデータに基づいて推進されてきたことを鑑みれば，今後の研究や政策のためにも，充分なデータの収集と公表が必要と思われる．

※本研究は，JSPS科研費(25360043)，および(公財)村田学術振興財団研究助成による研究である．

会議報告：ISA世界社会学会議に参加をして

山口　富子*

2014年7月13～19日パシフィコ横浜（横浜市）で，第18回ISA世界社会学会議（XVIII ISA World Congress of Sociology）が開催された．7日間に渡る大会には，104カ国，6,087名が参加した（うち2,951名が男性，3,136名が女性，約24%の1,438名が学生であった）．参加者の国籍別では，日本に次いでアメリカ，ドイツ，イギリスの順で多かったと報告されている（詳しくは，http://www.isa-sociology.org/congress2014/を参照されたい）．大会では，Presidential Sessionほか，Research Committees（RC），Working Groups（WG），Thematic Groups Sessions（TG）が同時進行でおこなわれ，多数の研究報告がなされた．ちなみに国際社会学会は，日本社会学会のような国別の社会学会の集まりである各国社会学会評議会（Council of National Associations）と研究テーマごとのリサーチコミッティ（RC）の二つの組織から構成されている．現在は，55のRC，RCになる前の準備的な組織として3つのWG，5つのTGが存在し，個々の研究者は，その中から，特定のRC，あるいはWG，TGを選び，それらの組織に会費を支払い，そのRCの活動に参加をするという体制である．もちろん，大会では，すべてのRC，WG，TGのセッションに参加することができる．今回のRC別の参加者数をみると，RC32（Women in Society）が最も多く328名，次いでRC04（Sociology of Education），RC06（Family Research）だった．筆者は，長年にわたってRC40（Sociology of Agriculture and Food）のメンバーであり，筆者が運営委員をつとめていた時に新会員の確保の方策についてよく話題になった事を思いだした．これは，メンバーの数により年次大会で開催できるセッションの数が決められるからであるが，どのRCにとっても会員の確保とその数の維持は，重要なアジェンダであることは間違いがない．

このように今回も規模が大きな大会だったが，このような規模の国際大会への参加は，発表が研究成果につながりにくい，知らない研究者と知り合うきっかけができないといった難しい面がある．しかし，自身の関心があるテーマのRCあるいはTGに継続的に参加をすることで，国際大会への参加をより有意義なものにできるのではないか．継続的な参加とは，4年に一度の会議に参加をするということだけではなく，4年に一回の世界大会のはざまで開催される，さまざまな会議，研究会への参加を指す．こうした会議にこまめに顔を出すことで，同じRCに所属する会員と何がしかの協力体制を築いてゆくきっかけができる．また，学会誌の特別号に招かれるといったように，何がしかの研究成果につながる場合もある．ちなみに，筆者が所属するRC40の場合，RC40のホー

2014年11月7日受付　2014年11月14日掲載決定
*国際基督教大学上級准教授，〒181-8585 東京都三鷹市大沢3-10-2，tyamaguc@icu.ac.jp

ム・グラウンドであるISA以外に，4年に一度開催される国際農村社会学会(IRSA)（通常，国際社会学会の2年後に開催)でセッションがおこなわれる．また，ISA，IRSAの会議が開催されない年は，欧州農村社会学会(European Society for Rural Sociology)やアメリカ農村社会学会(American Rural Sociological Society)などの年次大会に連動するかたちでミニコンフェレンスが開催される．このようにさまざまなプログラムが実施されるため，自分の研究課題の進捗具合をみながら，それらをうまく活用することをすすめたい．

国際大会の前後には，公式なプログラム以外に，RC，WC，TGが主催ある事前あるいは事後の研究会，若手研究者中心のプレセッション，学会主催の高校生を対象としたイベントなどが実施されるのが通例である．また筆者のように年次大会の前や後に，個別の研究会，国際シンポジウムを実施する研究者も多い．今回もさまざまな形で研究交流がおこなわれ，プログラムに参加をした人にとって楽しくかつ刺激のある1週間だったのではないか．本学会の会員が多数参加をする4S(The Society for Social Studies of Science)の年次大会も大規模であるが，共通のテーマに関心があり，面識のない研究者が接点を持てるようなまた継続的にその関係を維持できるようなしかけとして，分科会のような中規模の組織が存在すれば，4Sの年次大会への参加がより意義深いものになるのかもしれない．

ISAの話に戻そう．今回のテーマは，「格差社会と向き合う―グローバルな社会学への挑戦」("Facing an Unequal World: Challenges for Global Sociology")であった．不平等(inequality)という問題を取り上げ，それを社会学的に再検討しようという試みだ．ご存知の通り，この概念は社会学の専売特許ではなく，経済学，政治学，哲学といったさまざまな人文社会領域においても古くから研究の対象とされてきた問題意識であり，なぜ，いま不平等という問題の再検討が必要なのだろう，と感じたのは筆者だけではないはずだ．各人が持つ権利などが均等に分配されているのだろうか，あるいは結果として権利，資源が平等に分配されているのだろうかという問題意識は，いささか古めかしいものであり，何がこれまでと違うのだろうとあれこれ考えながらセッションに参加した．

初日は開会式が行われ，翌日からセッションが始まった．大会最初は，Presidential Plenaryから始まり，Guy STANDING(University of London)，Sarah MOSOETSA(University of Witwatersrand)，Chizuko UENO(University of Tokyo)Luc BOLTANSKI(EHESS)らの基調講演を聴いた．基調講演の中で，Guy Standing教授のThe Precariat: From New Dangerous Class to Class-for-Itselfというタイトルの講演が目を引いたので少し紹介しよう．Standing教授によれば，現代社会は，これまでの階級理論あるいは社会階層論では理解ができない，プレカリアート(The Precariat，不安定な労働者階級)の出現により特徴づけられ，不安定な労働者階級が増加しているという点に目を向けることが大切であるとする．いわゆる，非正規雇用者の問題である．グローバルなコモディティー・チェーンの展開，アメリカに端を発した2008年の金融危機など，世界経済の構造転換にともない，若年層，女性，サービス部門に従事する雇用者が非正規雇用となり，その数が世界規模で増加しているということ，またイギリス，アメリカにおける国の統計では，正規雇用，非正規雇用の区別がなされないことにより，非正規雇用の問題が見えにくくなっているという問題意識がこの研究の背景にあるようだ．社会学においては，そもそも何を不平等の状態であるとするのかという前提を問うという研究が多いが，統計データの不在によりこれまで非正規雇用の問題が社会学の中心的課題にならなかったのだとすれば，量的な社会調査の限界がそこに浮かびあがる．階層研究においては，社会の状態の分析，仮説の設定，命題の検証を量的におこなうというアプローチを取る研究者が多いが，基礎的データの不在が，研究の遅延に拍車をかけたのであろう．

そういう意味で，計量的な手法を使いながらも，非正規雇用問題の存在と不平等の状態について実証的に論ずるこの研究は，高く評価できるのであろう．社会的平等，不平等という問題は，科学技術社会論研究でしばしば取り上げられる専門家と非専門家の関係性，力の非対称性，広くは科学技術と民主主義という問題設定と深くかかわりあいがある．今後も，機会の平等/不平等・結果の平等/不平等，社会階層，スティグマ，責任論といった問題意識を注視していきたいと思う．また，見えにくい問題を掘り起こすという，基本を忘れないようにしたい．

書　　評

立川雅司・三上直之（編著）『萌芽的科学技術と市民――フードナノテクからの問い』

日本経済評論社，2013年7月，3300円，194ページ
ISBN978-4-8188-2278-8

［評者］土屋智子*

本書は，「ナノテクノロジーを応用した食品関連製品（フードナノテク）」を取り上げ，「革新技術を応用する製品が登場しつつあるものの，いまだ規制政策が形成途上にある段階において，市民や業界など関係ステークホルダー間において，どのように望ましいガバナンスを形成しうるかについて，その可能性と課題を明らかにする」ことを目的に，6年間に行われた3つのプロジェクトの成果を非常にコンパクトにまとめたものである．コンパクトにまとめられているがゆえに，内容については疑問が残る点があるものの，このような取り組みの情報が広く社会に発信され，科学技術と社会の問題に取り組む研究者や関心のある市民の間に議論を生むことこそ，科学技術社会論に携わる研究者の責任の果たし方と言えよう．

さて，"萌芽的"科学技術という言葉は，いまだ社会のなかで実用化に到る以前，あるいは一般の理解が成熟する以前の科学技術（p. 8）をイメージさせる．しかしながら，ナノテクノロジーは，定義があいまいなまま，気がつけば身近な，しかも人体に直接間接に接触・吸収される飲料や化粧品等に応用されている．これを「萌芽的」と呼ぶか否かは別にして，第1章はどのような科学技術を対象としている研究者にとっても関係する内容である．目新しい内容ではないが，執筆者の立川雅司は科学技術の発展過程とガバナンスの問題を要領よくまとめ，初期の科学技術と社会との関係がその後の論争や制度を形づくる様が示されている．ナノテクノロジーについて書かれているにもかかわらず，"ロックインされ，かつ社会をロックインしている"原子力技術の姿が浮かび，いかに原子力のリスクガバナンスが不在で，福島事故以降もその状況が変化していないかを考えざるをえない．他の科学技術に関わる読者も，対象とする科学技術の初期設定と適用領域の決定はいかになされたか，その初期設定がアクター間の関係や性質をどう規定し，規制や制度などのガバナンスに影響を及ぼし，環境の変化にどのように抵抗しているのか，を振り返ったり，見通したりするのに役立つだろう．

第2章では，国際機関や米欧でのリスク評価や規制をめぐる議論の動向とリスクガバナンス上の課題が示される．3.2節「米欧の規制・管理の際の考察」にもあるように，フードナノテクに対する米国と欧州の対応の違いは，遺伝子組み換え技術に対して取られた対応を反映している．科学的リスク評価に基づく管理をめざす米国と，科学的な不確実性を前提とした予防原則を主張する欧州，技術開発中心で社会的影響の検討は後手に回る日本という構図はここでも繰り返されつつあるようだ．環太平洋戦略的経済連携協定（TPP）に加盟し，農業の国際化を戦略的に進めようとする日本にとって，グローバルスタンダードを意識することは不可欠であろう．しかし一方で，食は，我々の健康や生活，文化にも深く根差したものであり，海外の手法や経験を模倣・導入するだけでは逆に問題が起きるだろう．

第2章の執筆者である松尾真紀子は，フードナノテクには，何か事が起きてから対応する従来の日本型規制ではなく，事前に，あるいは予兆をとらえて対応するガバナンスの必要性を主張している．そして，このような予測的なガバナンス（anticipatory governance）には，技術の社会的影響評価（テクノロジー・アセスメント，TA）や規制の影響評価が求められるとしている．ここで読者は，はたと読み進むのを止め，空を見つめてしまうのではないか．

2014年1月7日受付　2014年1月14日掲載決定
*特定非営利活動法人HSEリスク・シーキューブ，office@hse-risk-c3.or.jp

TA機関が存在し活動していたり，TAの必要性を認識し類似の試みを実施している国々ですら，何をどのように評価すべきかを悩んでいる問題を日本が扱いうるのだろうか．誰が，どのように？　残念ながら，著者らは具体的な取り組みの提案をしていない．本書を構成するプロジェクトの一つ，「先端技術の社会影響評価（テクノロジーアセスメント）手法の開発と社会への定着」は回答を用意できたのか？　いやむしろ，これは科学技術社会論学会に所属する我々につきつけられている課題である．

第3章には，不確実性の高い科学技術のガバナンスを形成する取組として，企業や団体による自主的な行動規範の役割が述べられている．社是・社訓や自主的取り組みは，日本企業のお家芸のようなものなので，ガバナンスの要素として欧米で注目されているというのは意外な感じがする．執筆者の櫻井清一は，日本企業の行動規範は抽象的で，ガバナンス目的に使いにくいと評価している．しかし，タイレノール事件[1]での対応で高く評価されたジョンソン・アンド・ジョンソン（J & J）社が，かれらのOur Credoにあった「消費者の命を守る」というごく一般的な信条に従って行動したことは有名である．目的を見据えたルールをつくり，評価することは重要であるが，そもそも何をリスクとするかもあいまいなフードナノテクでこの仕組みは十分機能するだろうか？　まだ取り組みが始まったばかりであり，行動規範の有効性については今後の研究に期待したい．

第Ⅱ部を構成する第4章から第6章までは，三上直之と高橋祐一郎らが中心となって行った市民参加型TAの試行であるナノトライ（ミニ・コンセンサス会議，グループ・インタビュー，サイエンスカフェ）の目的，設計，結果の分析の紹介である．特にナノトライでは，誰がステークホルダーかが分からない，どんな専門家が存在し，見解の相違があるのか分からないフードナノテクを扱うにあたっての苦労や工夫が示されており，萌芽的科学技術における手法開発という点で有益な情報を提供してくれている．非常に残念なのは，コンセンサス会議にしても，グループ・インタビューにしても，通常とは異なる方法やプロセスが選択されており，その理由が上述したステークホルダーや専門家のあいまいさしか述べられていないことである．

例えば，一般的なコンセンサス会議では，鍵となる質問に対して多様な専門家の見解を聞き，それらをどのように解釈したかがレポートに書かれる．このためには事前の準備プロセスに多大な資源を投入する必要があるため，専門家をある程度限定することはそれほど大きな変更点ではないだろう．しかしながら，巻末に掲載された市民のレポート（市民提案）は，鍵となる質問に対応していない．これはファシリテーションの問題なのか，それとも新たな手法の提案なのか？　著者らも，第5章5節の「媒介的アクターに対するグループ・インタビューの結果」では，鍵となる質問と市民提案のギャップを問題視しているように読み取れるが，それを123ページで「筆者らが萌芽的科学技術に対してコンセンサス会議の方法を導入したことの妥当性への疑問にもつながり，本稿の前半において掲げた，市民参加型会議が普及しない要因以外の新たな留意点を喚起するものといえよう．」と総括できるのだろうか？　そもそも，議論の現場を観察しておらず，結果だけを読んだ媒介的アクターの評価はそこまで重要なものなのだろうか？　評価に参加した人々は，現実に媒介的役割を経験し，その困難さと可能性を経験しているのだろうか？　読者もこのような疑問をもたれるかもしれない．ぜひ，本誌上で様々な討論が喚起されることを期待したい．

また，評者自身もナノトライのような実験的な試みの経験があり，もっとも悩まされるのが，当初の目的や設計どおりに進まず，様々な変更を余儀なくされ，何を変え，何を変えてはいけないのか，そして実施した結果をどう評価するのかの判断である．変更の妥当性は，研究プロジェクトに無関係で，かつ類似の実践経験と参加手法に知見のある研究者にも吟味されることで一層意義のあるものとなろう．また，著者らは，ナノトライに，「ナノテクノロジーへのアップストリーム・エンゲージメントが目指すべき方向性として，Trust, Responsibility, and Integrityの意味を込めた」（105ページ脚注4））と述べているので，本書で紹介された試みがこの3つの視点からどう評価されるのかについて示すこともあったのではないか．そういう点で，第6章を執筆した山口富子は，定量的定性的にていねいに議論のプロセスを分析しているものの，市民と専門家の関係に偏っているのではないか．市民と専門家との関係は変わりようがなく，時には非対称性が強化される場合もある．本質的な問いかどうかも実は専門家が判断していることかもしれない．また，第6章でも「萌芽的科学技術に対して市民は意見表明が難しい」との指摘があるが，ではなぜ先端科学技術に対して特定の利害関係者を排除するコンセンサス会議の手法を選択したのか？　第4章から6章まで首尾一貫した主張が展開されているが，むしろそのこと自体が問題ではないだろうか．

最後の第7章では，執筆者である若松征男が丁寧な調査を行い，韓国・台湾が科学技術の民主化の流れの中でコンセンサス会議の実践を重ねていることが示される．これらの国々に比べ，わが国では，ナノ化技術は応用されるものの，制度の議論は行われず，市民参加はすでに10年以上，研究プロジェクトの域を出ていない．これまで欧米の手法や事例研究が多かったが，科学技術の民主化という点では，アジアにこそ学ぶべき事例が多いのかもしれない．科学技術の民主化という意識も道具立ても揃っていない社会において，松尾のいう予測的ガバナンスは可能なのか．再度問いかけざるをえない．

終章で三上は，「2．大震災後における科学技術ガバナンスと市民参加」の中で，原子力開発をめぐる過去の活動や取組が「偽装された民意でしかなく，「民意」や「世論」と思われているものは，所詮，その多くが作為的な誘導の産物である」（173ページ）と見られていると評している．これが，萌芽期に“自主・民主・公開”を標榜した原子力技術のありさまである．そして，何か（福島第一原発事故）が起きてしまった後で，ワインバーグが例示したとおりに低線量被ばくというトランス・サイエンス的難題に取り組むことになった．本書とともに原子力技術の歴史を振り返れば，科学技術ガバナンスと科学技術社会論の重要性が身に染みる．繰り返しになるが，本書を起点としてトランス・サイエンスの問題に何ができるか，何をやるべきかの議論が巻き起こることを期待したい．

■注

1）1982年米国シカゴでシアン化合物による7名の死亡事件が発生．警察の調査の結果，7名が死亡直前にタイレノールを服用していたことが判明．J＆J社はすぐに大規模な商品回収を行った．このときの企業の対応はクライシスマネジメントの成功例として有名．当時のJ＆J社会長は，「もっとも優れた経営者」として表彰された．

学会の活動(2013年5月～2014年10月)

〈理事会〉

第61回理事会(2013年7月16日，東京工業大学にて).
出席者：会長・副会長・理事10名，監事2名，事務局幹事1名．事務局より，会員マイページ(会員ポータル)の立ち上げが報告された．第12回年次研究大会・総会および東アジアSTSネットワーク会議の準備状況が実行委員長より報告された．企画担当より今年度シンポジウムのスケジュールが報告された．2014年度シンポジウムの企画について検討した(継続審議)．2014年度年次研究大会開催校について検討した(継続審議)．学会誌11号，12号の準備(とくに特集内容)について審議した．11号の特集は「科学の不定性と東日本大震災」と報告され，12号は福島第一原子力発電所事故とする方向で検討することとなった．渉外担当より海外の関連学会等の動向が報告された．古いDVD教材の提供申し出が会員よりあったので，その取り扱いについて検討した(継続審議)．学会会則の改定について検討した．交通費規定の改定案が承認された．理事・監事選出細則改定案が承認された．会費のクレジットカード決済について検討した．今年度年会参加費等での導入結果をみて最終判断を行うこととなった．学生理事制度について検討した(継続審議)．理事・監事選挙における理事会推薦のあり方について審議した(継続審議)．学会誌の電子化について審議した(継続審議)．事務局幹事2名の追加が検討された．

第62回理事会(2013年9月27日，ホワイトキューブ札幌にて)
出席者：会長・理事6名，事務局幹事1名．昨年度収支および年次大会の準備状況が事務局より報告された．学会誌の進捗について報告があり，発行ペースを上げる対策を検討した．次年度の年次研究大会開催校を検討し，まずは大阪大学に正式依頼することとした．次年度シンポジウムについて審議した(継続審議)．クレジットカード等による会費徴収システムの導入，学会誌の投稿論文Web受付実施など各種会員サービスの向上策と省力化策について検討した．

第63回理事会・第一回評議委員会合同会議(2013年11月16日，東京工業大学にて).
出席者：評議員1名，会長・副会長・理事11名，監事1名，事務局幹事1名．総会議案が承認された．柿内賞の選考結果が報告された．次年度シンポジウムについて検討し，基本案が了承された．評議員より，近年の関連学会の動向を踏まえた今後の学会運営に関する注意すべき点が指摘され，今後の方向を検討した．

第64回理事会(2014年5月11日，東京工業大学にて)
出席者：会長・理事9名，監事1名，事務局幹事2名．会員の増減動向について事務局より報告があり，会費滞納による退会を行った関係で大幅な会員数の減少があったことが確認された(現員約500名)．年次研究大会の準備状況および柿内賞の準備状況について報告された．学会誌の進捗について報告があり，遅れている次号は10月に刊行予定とのことであった．また，年度内刊行予定である次々号の刊行をスピードアップする方策を検討した．今年度のシンポジウムについて検討し，9月開催を決定した．次年度の年次研究大会開催校を検討し，打診する候補を決定した．研究大会におけるセッションの取り扱い等に関する理事会案を作成した．次年度シンポジウムについてテーマを審議し，担当は監事の中島氏となった．

第65回理事会（2014年9月6日，海洋研究開発機構・東京事務所にて）
出席者：会長・理事7名，監事2名，事務局幹事2名．次年度の年次大会の開催校が東北大学，また開催日11月21日，22日となったことが報告された．2016年度については北海道大学になる予定であることが報告された．編集委員会より進捗状況の報告があった．当日開催されるシンポジウム開催の概要について報告がなされた．柿内賞について進捗状況が報告された．渉外関係で，APSTSは次年度に台湾・高雄にて開催予定と報告された．東アジアSTSネットワーク会議は北京の清華大学で実施という話がまとまりつつあるという報告があった．また，今年度の4Sの開催状況についても簡単な報告がなされた．年次大会の運営に関してセッション登録の方法について改善策を検討した．学会誌編集業務の改善について検討した（継続審議）．2015年シンポジウムについて検討し，初夏開催で実施したいことを確認した．次期の理事・監事選挙の準備状況を確認し，大枠を決定した．今後の評議員制度のあり方について検討した．

〈年次研究大会〉

第12回年次研究大会

第12回年次研究大会は，第11回東アジアSTSネットワーク会議（East Asian STS (EASTS) Network Meeting）と一部並行して，2013年11月16日（土）より11月17日（日），東京工業大学大岡山キャンパス（東京都目黒区大岡山）で開催された．参加者数は非会員を含め203名であった．

セッションは最大5つが並行し，合計29のセッション（うち2つは東アジアSTSネットワーク会議と合同）が実施された．

初日，最初の時間帯の2セッションが東アジアSTSネットワーク会議との合同で実施された．さらに2つめの時間帯にも東アジアSTS公開シンポジウムが実施され，二日目の昼休みには東アジアSTSジャーナルに関するイベントが開催されるなど，並行開催を活かした企画が今回の年次大会の特徴であった．午前には上記合同セッションを含む7セッション，午後には4セッションが行われ，総会，柿内賢信記念賞研究助成金授与式が続いた．初日の最後は，東京工業大学生命理工学研究科の本川達雄教授による記念講演「工業大学で生物を教えるということ」が歌も飛び出る和やかな雰囲気の中で行われた．

翌日は，すべて一般セッションおよびオーガナイズドセッションに当てられ，合計17セッションが実施された．

〈編集委員会〉

第60回編集委員会（2013年11月17日，東京工業大学にて）

出席者：編集委員6名．11号の特集の進捗状況が報告された．テーマは「科学技術の不定性と東日本大震災（仮）」で，原著論文は投稿依頼が済み，すでに第1稿が届いているものもあるが，まだ執筆中のものもある．座談会は終了し，テープ起こしもできている．来春には刊行したい旨が委員長から提案された．12号の特集として福島原発事故をテーマにすることについて検討した．11号に担当委員が解題と兼ねた次号予告執筆し，次号特集の導入とする．執筆者についての意見交換を行った．編集委員会メーリングリストで今後も連絡を取り合って，編集作業を早急に開始することにした．

『科学技術社会論研究』投稿規定

1．投稿は原則として科学技術社会論学会会員に限る．
2．原稿は未発表のものに限る．
3．投稿原稿の種類は論文および研究ノートとする．論文とは原著，総説であり，研究ノートとは短報，提言，資料，編集者への手紙，話題，書評，その他である．

論文

総説：特定のテーマに関連する多くの研究の総括，評価，解説．

原著：研究成果において新知見または創意が含まれているもの，およびこれに準ずるもの．

研究ノート

短報：原著と同じ性格であるが研究完成前に試論的速報的に書かれたもの(事例報告等を含む)．その内容の詳細は後日原著として投稿することができる．

提言：科学技術社会論に関連するテーマで，会員および社会に提言をおこなうもの．

資料：本学会の委員会，研究会などが集約した意見書，報告書，およびこれに準ずるもの．海外速報や海外動向調査なども含む．

編集者への手紙：掲載論文に対する意見など．

話題：科学技術社会論に関する最近の話題，会員の自由な意見．

書評：科学技術社会論に関係する書物の評．

4．投稿原稿の採否は編集委員会で決定する．
5．本誌に掲載された論文等の著作権は科学技術社会論学会に帰属する．
6．原稿の様式は執筆要領による．なお，編集委員会において表記等をあらためることがある．
7．掲載料は刷り上り10ページまでは学会負担，超過分(1ページあたり約1万円)については著者負担とする．
8．別刷りの実費は著者負担とする．
9．著者校正は1回とする．
10．原稿は，「投稿原稿在中」と封筒に朱書のうえ，下記宛に書留便にて送付すること．

科学技術社会論学会事務局

〒162-0801　東京都新宿区山吹町358-5　アカデミーセンター

電話　03-5937-0317

Fax　03-3368-2822

『科学技術社会論研究』執筆要領

1．原稿は和文または英文とし，オリジナルのほかにコピー2部と，投稿票，チェックリスト各1部などを書留便にて提出する．投稿票とチェックリストは，学会ホームページから各自がダウンロードすること．なお，掲載決定時には，電子ファイルによる原稿を提出すること．

2．投稿原稿（図表などを含む）などは返却しないので，投稿者はそれらの控えを必ず手元に保管すること．

3．原稿は，原則としてワード・プロセッサを用いて作成すること．和文原稿は，A4用紙に横書きとし，40字×30行で印字する．英文原稿は，A4用紙にダブルスペースで印字する．

4．原稿の分量は以下を原則とする．論文については，和文は16000字以内，英文は8000語以内．研究ノートについては，和文は8000字以内，英文は4000語以内．いずれも図表などを含む．

5．総説，原著，短報には，和文・英文原稿ともに，400字程度の和文要旨，200語以内の英文抄録と，5個以内の英語キーワードをつける．

6．原稿には表紙を付し，表紙には和文表題，英文表題，英語キーワード，英文抄録のみを記載する．表紙の次のページから，本文を記述する．原稿の表紙および本文には，著者名や著者の所属は記載しない．

7．図表には表題を付し，1表1図ごとに別のA4用紙に描いて，挿入する箇所を本文の欄外に明確に指定する．図は製版できるように鮮明なものとする．カラーの図表は受け付けない．

8．和文のなかの句読点は，いずれも全角の「．」と「，」とする．

9．本文の様式は以下のようにする．

A．章節の表示形式は次の例にしたがう．

章の表示……1．問題の所在，2．分析結果，など

節の表示……1.1　先行研究，1.2　研究の枠組み，など

B．外国人名や外国地名はカタカナで記し，よく知られたもののほかは，初出の箇所にフルネームの原語つづりを（　）内に添えること．

C．原則として西暦を用いること．

D．単行本，雑誌の題名の表記には，和文の場合は『　』の中に入れ，欧文の場合にはイタリック体を用いること．

E．論文の題名は，和文の場合は「　」内に入れ，欧文の場合は“　”を用いること．

F．アルファベット，算用数字，記号はすべて半角にすること．

G．注は通し番号1）　2）…を本文該当箇所の右肩に付し，注の本体は本文の後に一括して記すこと．

10．注と文献は，分けて記載すること．

11．引用文献の提示方法は，原則として，次の〔1〕または〔2〕のどちらかの形式に従うこと．

〔1〕文献はすべて本文中で示し，文献を示すためだけの注は用いない．

［本文］

STS的研究の意義は，次のような点にあると指摘されている（Beck 1986, 28; Juskevich and Guyer 1990, 876-7）．

しかし，ペトロスキ（1988，25）も強調しているように[1)]，……

［注］

1）ただし，……の点に限れば，佐藤（1995，33）にも同様の指摘がある．

〔2〕文献を示すためにも注を用いる．

［本文］

STS的研究の意義は，次のような点にあると指摘されている[1)]．

しかし，ペトロスキも強調しているように[2)]，……

［注］

1）Beck（1986, 28）; Juskevich and Guyer（1990, 876–7）.

2）ペトロスキ（1988, 25）．ただし，……の点に限れば，佐藤（1995, 33）にも同様の指摘がある．

12. 文献は，原則としてアルファベット順に和文欧文の区別なく並べる．

［例］

Beck, U. 1986: ***Risikogesellschaft, Auf dem Weg in eine andere Moderne***, Suhrkamp；東廉，伊藤美登里訳『危険社会：新しい近代への道』法政大学出版局，1998.

Juskevich, J. C. and Guyer, C. G. 1990: "Bovine Growth Hormone: Human Food Safety Evaluation," ***Science***, 249（24 August 1990）, 875–84.

丸山剛司，井村裕夫 2001：「科学技術基本計画はどのようにしてつくられたか」『科学』71（11），1416–22.

ペトロスキ, H. 1988：北村美都穂訳『人はだれでもエンジニア：失敗はいかにして成功のもとになるか』鹿島出版会；Petroski, H. ***To Engineer is Human: The Role of Failure in Successful Design***, St. Martin's Press, 1985.

佐藤文隆 1995：『科学と幸福』岩波書店.

Weinberg, A. 1972: "Science and Trans-Science," ***Minerva***, 10, 209–22.

Wynne, B. 1996: "Misunderstood Misunderstanding: Social Identities and Public Uptake of Science," Irwin, A. and Wynne, B.（eds.）***Misunderstanding Science***, Cambridge University Press, 19–46.

13. 同一著者の同一年の文献については，Jasanoff 1990a, Jasanoff 1990b のようにa, b, c…を用いて区別する．

編集後記

『科学技術社会論研究』の11号をお届けします．2011年4月から編集委員会委員長を担当していますが，その前の3月11日に東日本大震災が発生していました．その後年会やシンポジウムでこの震災に関わる発表は行われてきましたが，学会誌で取り扱うことはできずにいました．本号の特集「科学の不定性と東日本大震災」でようやく実現できました．特集の担当者は本堂毅委員，綾部広則委員，寿楽浩太委員ですが，特集にご寄稿ないしご協力していただいた方々にはこの場を借りて，私からも御礼申し上げます．

本号の刊行が遅れたことは委員長である私の責任であり，学会誌へ投稿していただいた皆様，会員の皆様にお詫び申し上げます．学会誌の刊行体制の見直しに関しては，編集委員会および理事会において検討中で，なるべく早くに改革することをめざしています．

科学技術社会論学会が2001年10月に設立されて以来，『科学技術社会論研究』は学会誌であるとともに定価を付けて一般に販売してきました．そのため逐次刊行物番号ISSNと国際標準図書番号ISBNの両方がつけられています．一般販売するため，毎号ごとに書籍名に相当するタイトルが付けられてきました．電子ジャーナル化を進めるにあたっては，この書籍でもあるということを再検討する必要があると思います．

本号には自由投稿論文は1編しか掲載していませんが，査読をできるだけ早める努力を編集委員会では鋭意進めていますので，会員の皆さまからの自発的投稿が増えることを祈念しています．投稿数が増えることによって刊行のペースは速まるはずです．

（黒田光太郎）

http://jssts.jp に当学会のウェブサイトがあります．
当学会に入会を御希望の方は，ウェブサイトをご参照いただくか，下記の事務局までお問い合わせください．

科学の不定性と東日本大震災　科学技術社会論研究　第11号

2015年3月10日発行

編　者　科学技術社会論学会編集委員会
発行者　科学技術社会論学会　会長　藤垣裕子
事務局：〒162-0801　東京都新宿区山吹町358-5　アカデミーセンター

発行所　玉川大学出版部
194-8610　東京都町田市玉川学園6-1-1
TEL　042-739-8935
FAX　042-739-8940
http://www.tamagawa.jp/up/
振替　00180-7-26665

ISSN 1347-5843

ISBN 978-4-472-18311-9　C3040　Printed in Japan　印刷・製本　クイックス